iPad電繪
美麗新世界

張元綺YUANCHi／著

Contents 目錄

Chapter 2 創作靈感從哪裡來？

Chapter 3 營造畫面多變的故事感

Chapter 4 角色與背景的融合

Chapter 5 畫面架構的流暢度

Chapter 6 幫作品加入一點點魔法

前言

畫畫是一件很美好的事

畫圖，不只是單純講求技巧而已。創作一幅作品，從過程的發想、媒材的挑選，到如何將平凡無奇的日常照片變成夢境般的插畫場景，都是比練習「畫得像」還要更具有挑戰性，也更有趣的事情。當然，先具備了基礎的繪畫技巧之後，在追求更進階的表現手法時，就能更輕易地將腦中所想到的畫面呈現在畫布上。

思考方法與繪畫技巧是相輔相成的，先掌握基本技巧，再試著畫出想畫的東西，並且在繪畫過程中發現自己還有哪些不足的地方，接著針對弱項繼續強化。在這樣反覆的練習當中，繪畫的能力就會不停地提升。

從有記憶以來，我就十分熱愛畫圖，也一直持續在畫圖，經過了二十幾年的經驗累積，仍然有許多想畫卻還畫不出來的畫面。也許，無論再繼續畫多少年，都一樣會是這種感覺，而這也是我認為畫畫最有趣的地方，它是一個永遠學無止境的領域。每一次開啟一張新的畫布，都能呈現過去練習所累積的功力，與面對全新的未知挑戰。

這幾年，我透過開設線上課程、出版教學書籍、拍攝 YouTube 影片等方式，教大家畫出「眼前所看到的東西」，接下來，我想分享的是如何畫出「腦中所想的畫面」。將抽象的想像畫面變成一幅具象的畫作，絕對不是件容易的事。感覺就像在一片濃霧當中，依循著記憶的碎片，試著找到所有需要的素材，並將它們拼湊起來。經過不斷的練習，雖然濃霧依舊存在，但會變得更有方向感，知道該往哪個方向前進。

在本書中，除了解說繪圖的步驟及使用到的電繪功能，也會分享自己平時如何蒐集靈感與提升技巧，想盡各種辦法畫下心中所想的景象。我認為自己不是一個創意滿滿的人，筆下的場景通常也不是非常奇幻或有特殊結構的畫面，但我很喜歡觀察周遭的事物，並畫下令人感受到「好美、好希望時間永遠停留在這一刻」的畫面。雖然每個人認為「美」的畫面都不一樣，但我希望能透過分享自己的觀點，讓同樣喜愛創作的人有更多的技巧可以參考，一起越畫越好、越畫越快樂。

Chapter 1

事前準備

正式開始進入電繪的世界前，先熟悉基本的軟體運用，
無論是單純學習電繪，還是想將紙本作品數位化保存，
Procreate 都是非常便利的幫手。

✱ 相關的繪圖工具

本書中示範的作品皆是使用 iPad Procreate 進行創作的。除了 Procreate 之外，我平常會使用的畫圖工具還有電腦的 Photoshop 及水彩手繪。雖然現今各種媒材或軟體都有其優缺點，但以便利性來說，我認為 iPad 與 Procreate 的組合還是大大勝出。

若你尚未購入 iPad，在準備選購時有幾個建議優先考量的因素：

- **預算：**因為所有 iPad 的功能基本上都是一樣的，預算充足的話，購買最新、最高階、最貴的機型，一定可以擁有最好的畫圖體驗；若是預算有限，購入低階一點的機型也一樣能畫圖，差別在於可能速度會較慢、容量較小而已。

- **尺寸：**體積較小的 iPad 更便於攜帶，可以帶著它到處寫生、尋找靈感。如果不擔心重量或比較常放在固定地點使用，那麼大尺寸的螢幕畫起來會更加暢快。

其他配件：

❶ **繪圖筆：**使用 iPad 畫圖時，搭配原廠的 Apple Pencil 會是最好用的，它擁有最完整的感壓及手勢功能，畫起圖來事半功倍。若想要選購其他廠牌的繪圖筆，則可以留意它是否支援感壓、側傾、手勢快捷等多項功能。

❷ **類紙膜或筆尖套：**有些人會覺得在裸機螢幕上畫圖太過光滑，因此貼上類紙膜或為觸控筆加上筆尖套，增加畫圖時的摩擦力，模仿拿紙筆在紙上畫圖的觸

感。這部分依照個人喜好作選擇即可，沒有一定要貼膜或裝筆尖套才能畫得比較好。

❸ **保護殼或支架**：建議挑選可以自由調整角度的保護殼或支架，這樣在長時間畫圖的情況下，才不會容易造成肩頸緊繃或痠痛。除了專用的 iPad 保護殼，書架或畫架也是不錯的選擇。

本書設備型號

iPad Pro 12.9 吋（2020 年款）128GB
Apple Pencil 二代

可調角度保護殼

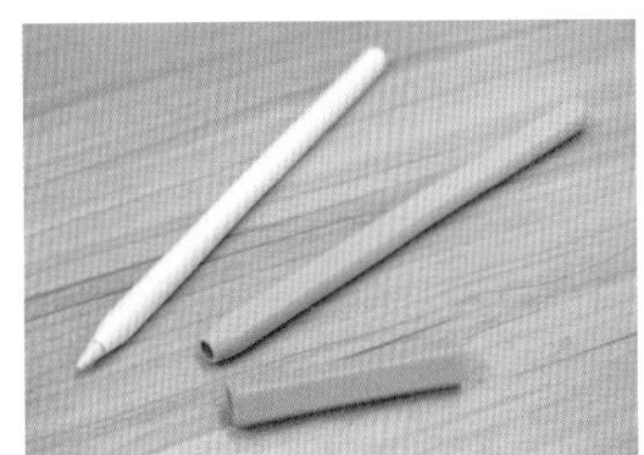

筆套

✷ 一起來畫第一張圖吧！

STEP 1

建立新的畫布

使用 Procreate 畫圖時，第一步就是新增一個畫布。點擊右上方的「＋」可以開啟內建及常用尺寸的列表，若找不到需要的畫布，則可以再點擊黑色的「+」自訂想要的規格。

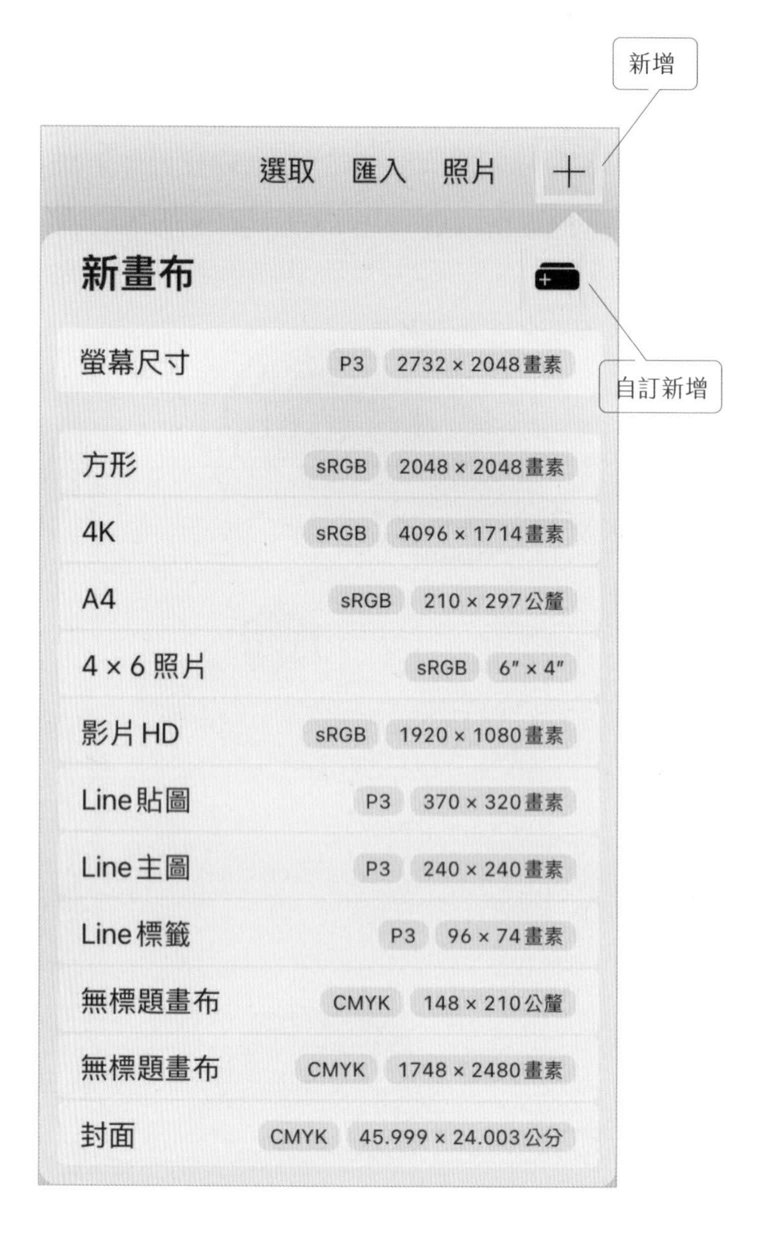

STEP 2

設定尺寸與解析度

進入自訂畫布的頁面後，可以先設定尺寸及解析度。請依照作品的用途進行設定，若之後要將作品印出來，記得要設定印刷的尺寸，以公釐、公分或英吋作為單位；解析度一般是設定 300 DPI，若要印到微噴（Giclee）等更精細的印刷，則可以設定到 600 DPI。若作品會使用在影音或網頁上，則以畫素作為單位，那就不需再調整解析度的設定。

【最多圖層】是在設定好尺寸及解析度後，會自動告訴你這個檔案有多少圖層可以使用，依據每一台 iPad 型號有所不同。

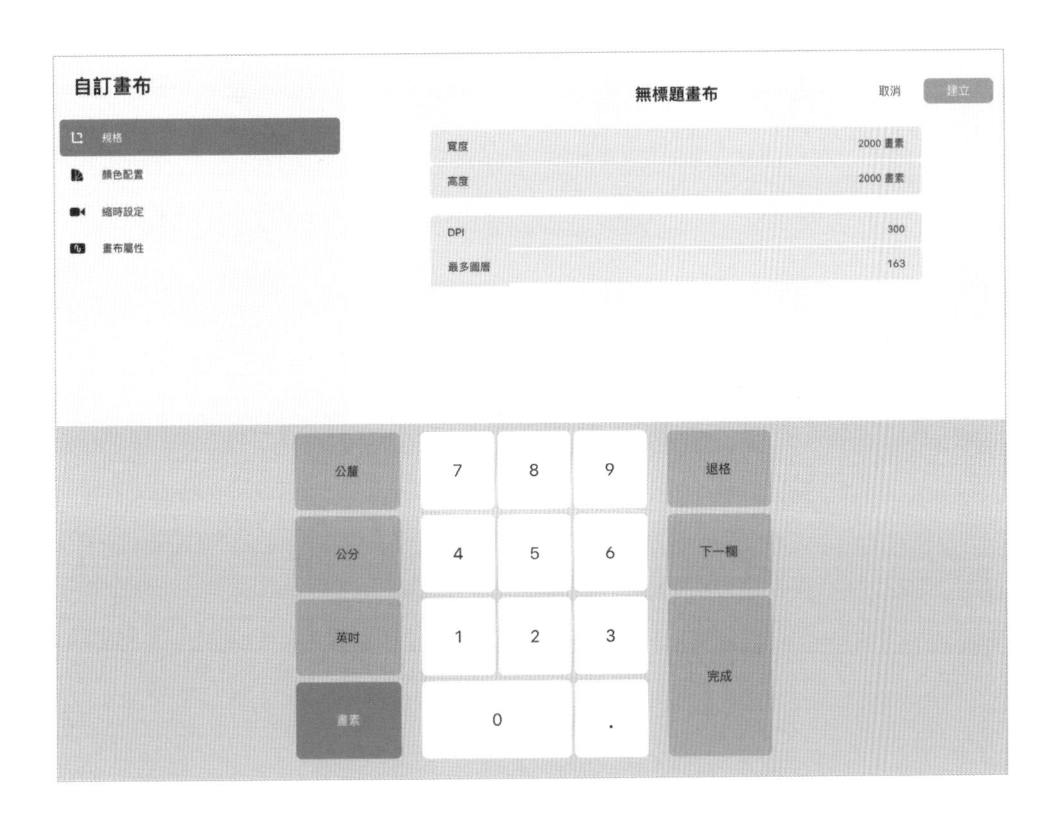

STEP 3

顏色配置

顏色配置的部分，若是使用在印刷用途會設定為 CMYK；網頁用途則會設定成 RGB。如果打算使用四色以上或特殊色的印刷方式，那用 RGB 繪製印刷用的作品也可以。

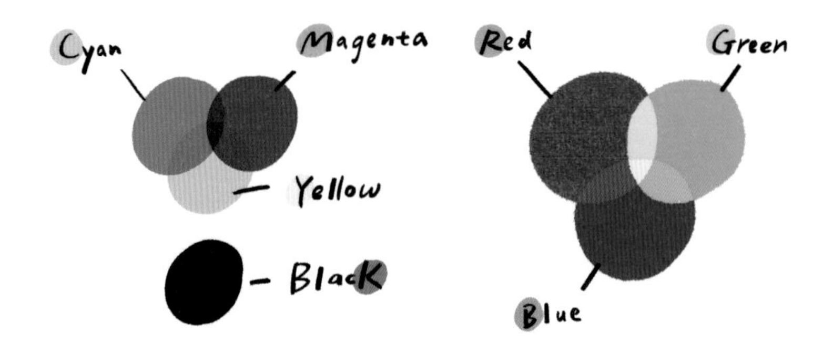

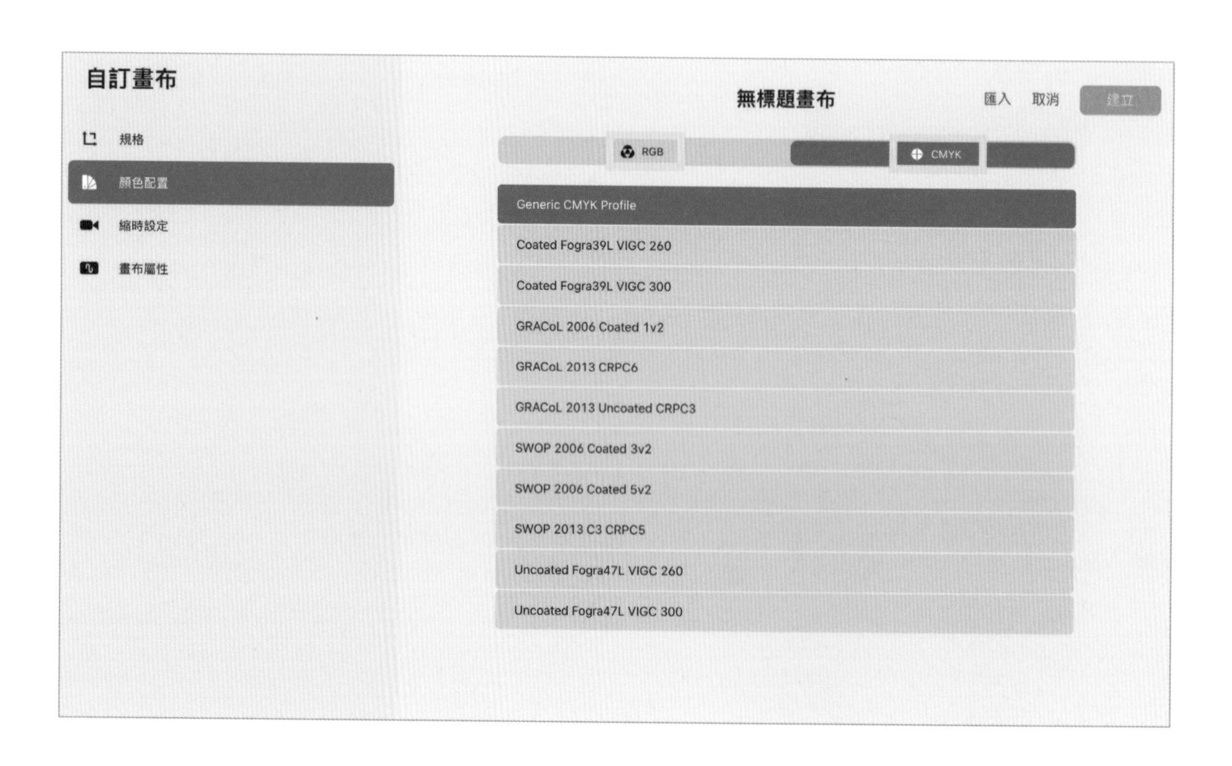

練習打草稿

STEP 1

畫草稿時，我喜歡使用橘紅色的鉛筆筆刷。這個習慣是從畫水彩建立起來的。先使用彩色的水性色鉛筆打稿，接著在畫上水彩之後，色鉛筆的線條就會自然的暈開，並融入水彩中。

雖然使用電繪無法做到直接將草稿暈開的效果，但使用不同的色彩繪製草稿，可以更明確區分畫面中不同的物品。

使用筆刷參考：6B 鉛筆

使用水性色鉛筆與水彩暈染繪製的作品，大概會呈現這樣的感覺。

STEP 2

在草稿階段，可以非常隨興地將腦中想到的物品快速畫下來，線條很混亂也無所謂，更不需考慮透視或比例是否正確。

當想法還不夠清晰時，同一種情境也可以多試幾張不同的角度或呈現方式，再從中挑選一張最喜歡的繼續完稿。

STEP 3

這張作品我決定使用第一張構圖繼續完稿，但原本的貓咪位置在正中央，於是我將整個畫面稍微縮小、往左下方移動，右上方的空間再補上一些飛翔的小鳥。

畫草稿時，若有較不熟悉的物品或是特定想畫的背景，可以多參考一些照片。因為我在繪製商業圖稿時，就需要蒐集大量的參考素材，確保能畫出物品的正確模樣，所以私下創作時反而喜歡憑空想像，這樣畫出來的感覺會更輕鬆自在。

練習畫線稿

STEP 1

草稿完成後，接著進入線稿階段。在這個階段，可以使用繪圖參考線的功能找到畫面的消失點。不論畫的是單點透視、三點透視或水平構圖，甚至是對稱畫面，都能在 Procreate 中設定需要的輔助線。

開啟右下方的【輔助繪圖】，可以在畫圖時讓線條沿著參考線走，畫出正確的透視角度。

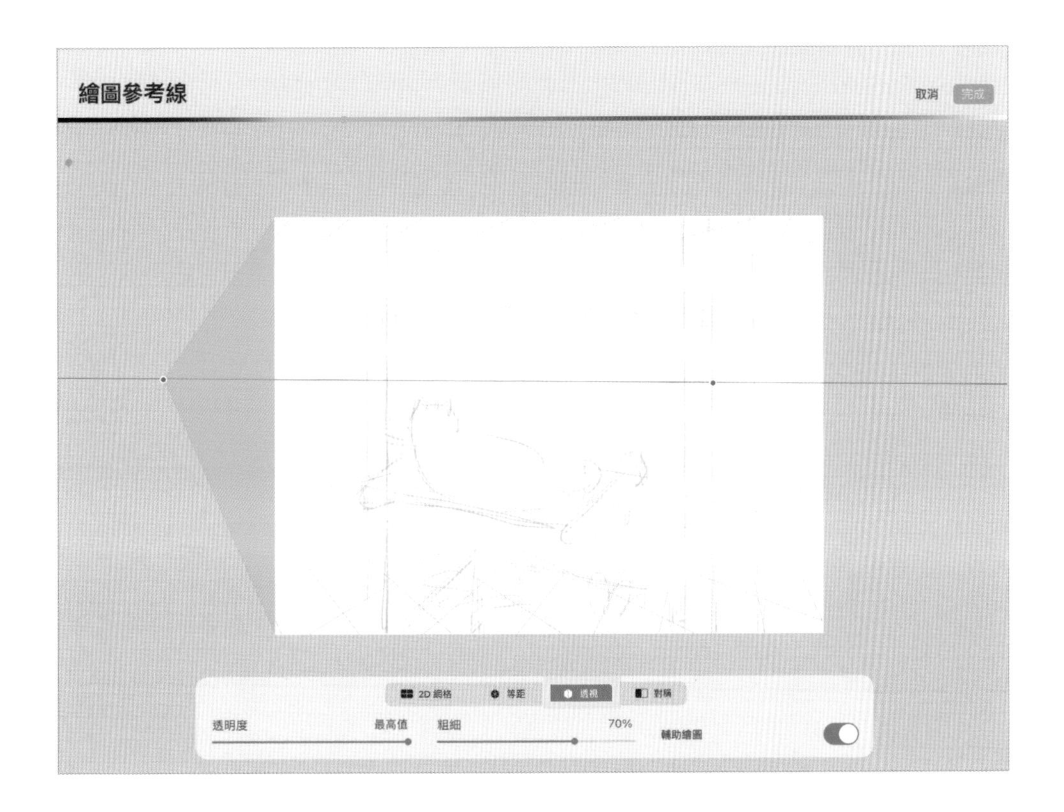

STEP 2

先使用【輔助繪圖】將畫面中所有方正的物品畫出來。如圖中的貓窩，外型大致偏方正但有一些圓弧角度的物品，我也會先把外輪廓勾勒出來。

畫好之後，關閉底下的草稿圖層看一下，沒有問題再繼續往下畫。

使用筆刷參考：**德溫特**

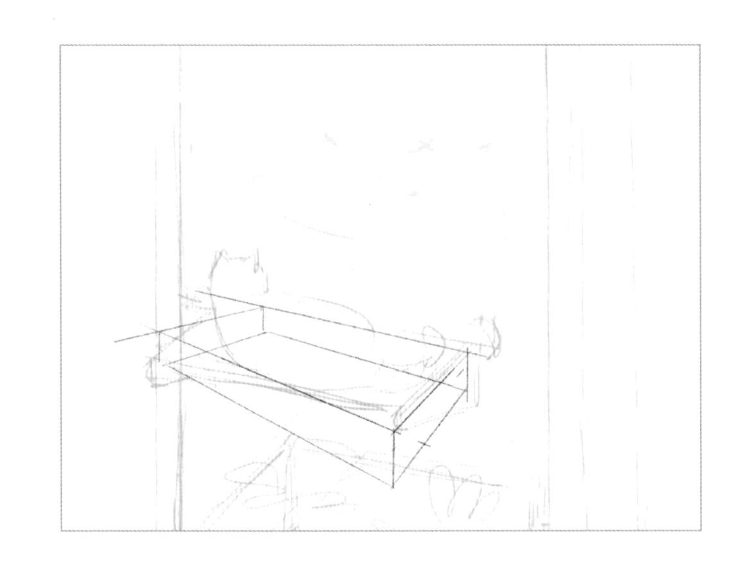

STEP 3

接著，關閉【輔助繪圖】功能，畫出其他不規則形狀的線條。

多數時候，我在畫線稿時不會把線條畫到非常乾淨俐落，因為後續進行上色時，會將線條覆蓋掉。不過偶爾也會採用保留線條的上色方式，那就會再描一次線稿，加深線條，畫出如著色本般清晰的線條。

練習上色

STEP 1

通常我會將上色分成很多個階段，第一階段是底色，也就是最直覺的畫上物品的固有色。

如果是進行自己的個人創作，圖層就不需要分得太仔細，簡單分出遠景、中景、近景的物品，方便後續做調色即可。

使用筆刷參考：**水粉畫、扁平筆刷**

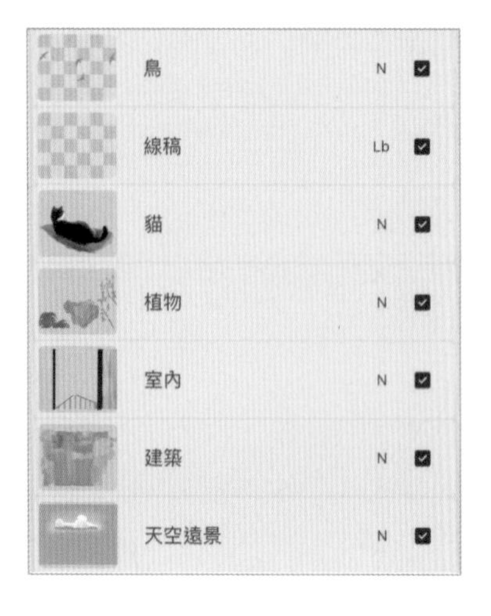

STEP 2

電繪的優點就是在上色之後，可以再慢慢地使用【調整】功能或【圖層屬性】調配顏色。

先使用【曲線】將窗外及室內的亮度做出對比，再使用【覆蓋】及【添加】的圖層屬性加上更豐富的光線色調。

STEP 3

除此之外，也可以使用調整中的【色相、飽和度、亮度】、【色彩平衡】或各種圖層屬性來調色，這些功能分別會在本書後續的章節依照不同的畫面情境做示範。

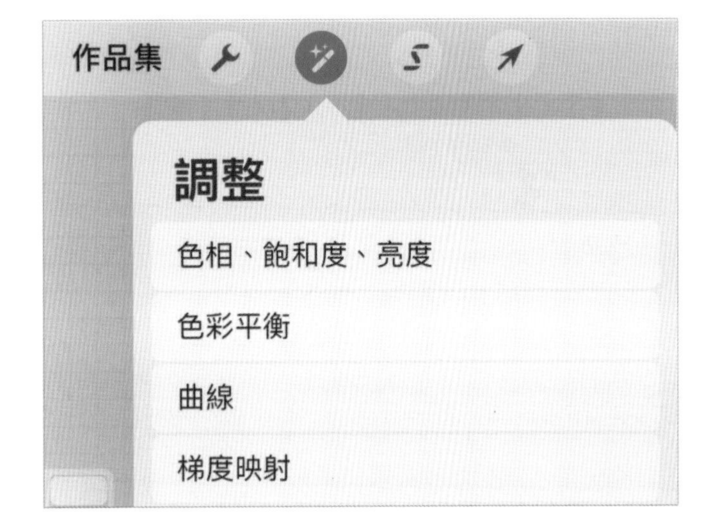

STEP 4

最後，在所有的圖層上方新增一個新圖層，開始畫細節並將作品完成。前面畫線稿時有提到，我的上色方式會將線條覆蓋住，主要就是在畫細節的階段。

先將主角及周圍的細節畫完，再慢慢延伸到遠景處。這樣可以將最多的專注力留給主角，畫到遠景時耐心用盡了也沒關係，反正物品很遠，用簡單一點的筆觸帶過即可。

此階段，也可隨時繼續使用【調整】功能或【圖層屬性】為作品加入更多的豐富細節，即便想大幅修改構圖也沒關係。創作過程中，可能是一團混亂，也可能會畫到一半懊惱自己的畫技怎麼還不到位，畫不出想要的氛圍。如果真的畫到覺得有些沮喪，可以先將作品放著，過一段時間再繼續完成，屆時也許會產生更好的想法。

縮時示範

-finish-

練習輸出

POINT 1

作品完成之後，點【分享】就可以將圖片匯出。上半部【分享圖像】是將整張作品輸出，檔案格式及其用途分別如下：

- Procreate：原始檔，保留所有圖層及設定，只能使用 Procreate 開啟。
- PSD：同樣保留所有圖層及設定，可以用電腦的 Photoshop 開啟，須注意如果有使用【圖層屬性】的功能，用 Photoshop 開啟後看起來可能會有些微的差異，可以再用電腦做調整。
- PDF：要印刷時使用。
- JPEG：一般網頁用途使用。
- PNG：背景為透明的時候使用。
- TIFF：可以保存高品質解析度的檔案格式，用途與 PDF 類似。

POINT 2

下半部【分享圖層】則是將檔案中的每個圖層個別輸出，或儲存成動畫格式。

- **PDF、PNG 檔案：**
  與上述用途相同，只是變成每個圖層單獨存成一個檔案。

- **動畫 GIF、PNG、MP4、HEVC：**
  皆為動畫作品的輸出格式，分別可以用來製作動圖、貼圖、影片等等。

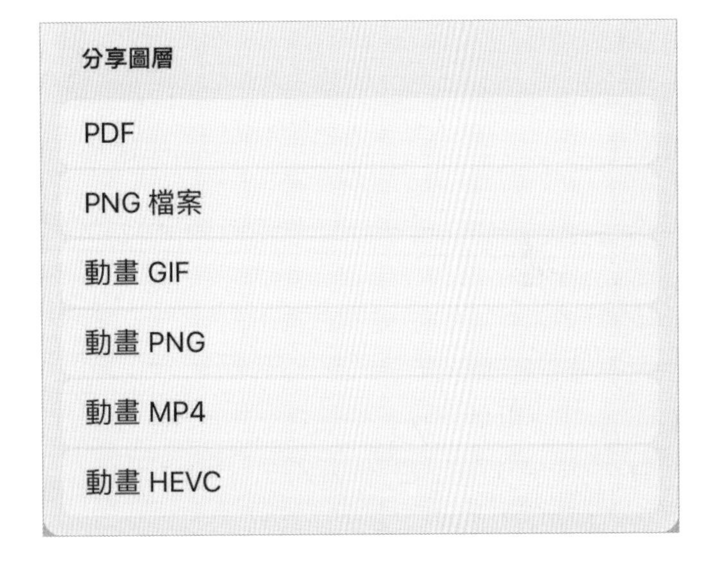

更詳細完整的 Procreate 介面說明，歡迎至我的 YouTube 頻道觀看。

Chapter 2

創作靈感從哪裡來？

提升對周遭事物的觀察力，
用心感受生活，隨時將喜歡的風景、人物記錄下來，
就能轉化成創作時最棒的素材！

✴ 感受生活，將所見日常變化成畫作

如果問十位創作者：「都從哪些地方獲得創作時的靈感呢？」大概有 9.5 位會回答：「生活。」而我也是那其中一位。我的作品時常以女性作為主角，這樣才能將自己喜歡的衣服、配件、髮型、妝容、表情等，融合到畫作中。我也常以貓咪作為範本，身為養過三隻貓的愛貓人士，貓咪們為我的生活帶來了許多樂趣與溫暖，我想將這些情感藉由作品表現出來。

因此，記錄生活中所看到的每一個細節，就是創作時非常好發揮的題材。當你完全想不到該畫什麼的時候，不妨翻翻手機相簿，找出喜愛的物品照片，將它在你心中的模樣速寫出來吧！

✴ 速寫練習：各種多變的貓貓姿態

以往在教如何畫出某個特定物品時，我會請大家將草稿、線稿、上色與修飾的圖層都分開，以便後續做修改或調整。不過在畫速寫時，講求的是速度要夠快，呈現出隨興、自由的筆觸，所以會直接在同一個圖層直接完稿。

Practice

黑白瑜伽貓咪

由於貓咪筋骨非常柔軟，在抓比例時需看清楚牠的身體到底擺成什麼形狀，確保身體的線條有完整連接、四肢都有落在正確的位置。

STEP 1

首先，找到要畫的參考照片，下筆前先觀察一下物件的構造。

畫圖時，順序由大畫到小，先畫出頭、身體，接著再畫四肢。最後畫耳朵、五官、尾巴。草圖階段可以多利用幾合圖形，像是圓形、方形、弧形、直線等，畫出完整結構。

STEP 2

上底色時，我喜歡用較柔和、半透明的筆刷，可以更輕鬆的將不同顏色融合在一起，色塊邊緣也不會過於銳利。

 使用筆刷參考：**水粉畫**

STEP 3

上完底色後，在上方新增一個【加深顏色】圖層，用淺灰色加強暗部的深度。再新增【色彩增值】圖層，用淺藍色讓陰影處帶入一些冷色調。除了這兩個屬性之外，也可以多練習其他圖層屬性，繪製出豐富的光影色澤變化。

STEP 4

最後修飾細部的貓毛與鬍鬚等紋路。因為前面已上好顏色，可多使用【吸色】功能來更換顏色，不須一直重調顏色，以節省繪圖時間。

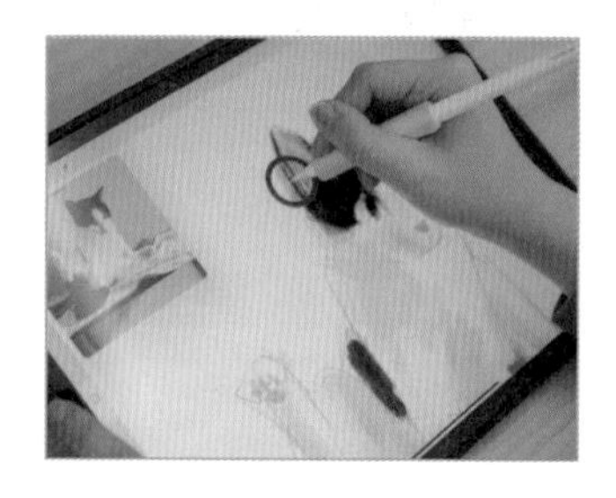

使用筆刷參考：德溫特

更多其他貓咪速寫

• 橘色領巾貓咪

這隻貓咪除了紅色的花瓣領巾很搶眼之外，圓圓大大的雙眼也是重點，將光點畫在瞳孔上可營造水汪汪的感覺。

• 蓬鬆胖橘貓

這隻貓咪的特色在於眼神、腮幫子和雙腳開開的豪邁坐姿。有點微厭世的眼神，正在等著討罐罐吃呢。

• 剛睡醒的三花貓

銳利的眼神，記住光點不要畫到瞳孔上，可畫在眼白處。白色枕頭的部分，可運用淺黃色製造光線感。

• 打呵欠的虎斑貓

貓咪躺的毯子不是重點，不需要太認真描繪，可以直接省略複雜的皺褶。瞇瞇眼和打呵欠的嘴巴才是重點。

• 趴下睡覺的黑貓

黑貓應該算是滿難畫的動物，一不小心會變成黑黑一坨。這邊的重點是呈現毛茸茸的抱枕質感，及黑貓微亮的背部毛和耳朵。

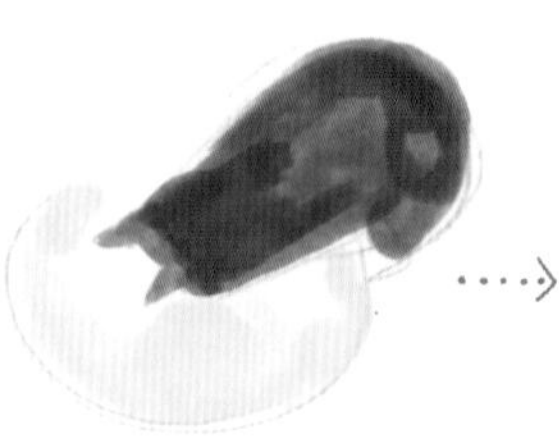

• 炯炯有神的圓臉貓

先描繪出站挺挺的身軀，再以淺灰色加強毛色輪廓，才不會看起來全部都是黑色。

• 全神貫注的黑白貓

強調貓咪專注凝視的眼神，眼睛放大、瞳孔細長，瞳孔方向會隨著觀看方向改變。

✴ 從速寫延伸到完整場景

在尋找照片準備進行速寫的過程中，可以回憶近期生活中發生的大小事，也許會發現最近日常中可能被忽略的小確幸，也趁著熟悉畫圖手感的同時，讓靈感在腦海中醞釀，下一瞬間各種點子就會立刻浮現囉！

場景 01

影片示範

難度｜★★

早晨透著陽光，光線灑在貓貓身上的幸福瞬間。

例如，在看到這張貓咪曬太陽的照片時，我想到了「早上起床，看見床角有一隻躺在陽光正中央的貓咪」的場景，想將早晨剛睜開雙眼，第一個映入眼簾的就是可愛貓咪的溫馨畫面畫下來。

STEP 1

首先，快速的畫出腦海中的構圖，紅色線條為主要的角色及場景，藍色線條則是慢慢構思房間內會有哪些物品，兩個圖層可以先分開，以便調整物品的位置。

STEP 2

將畫面中想呈現的物品，一一仔細的描繪出來，畫出有造型細節的精稿之後，即可將草稿圖層關閉。

STEP 3

而這幅作品主要想呈現的是陽光與陰影強烈對比的效果，所以先用黃色與藍色大致區分出亮部與暗部的範圍。

STEP 4

使用深藍色在物品背對光源的位置加上陰影，畫出初步的立體感。記得在黃色光線範圍裡的窗框及貓咪底部，也要畫出影子。

STEP 5

為了不要覆蓋掉光線的效果，上色時我先調出物品固有色後，使用半透明的筆刷輕輕刷在底色上。最暗及最亮的部分色彩辨識度會最低，顏色就刷得越淡。

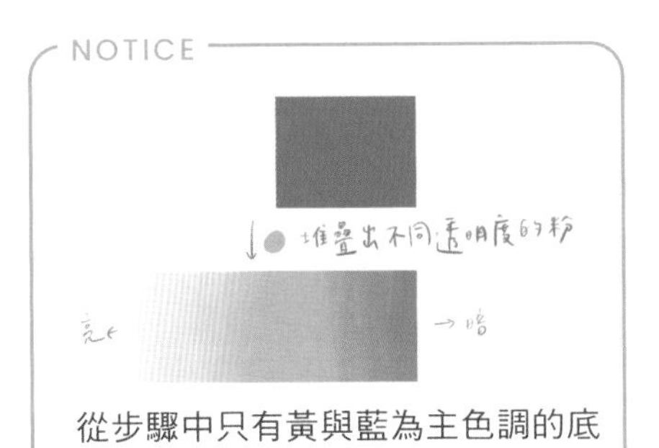

從步驟中只有黃與藍為主色調的底色上，堆疊出不同透明度的粉色。

STEP 6

徒手上完色後，使用【加深顏色、添加】等圖層效果，調整畫面的亮暗對比，讓作品更有立體感，完成後即可合併全部圖層。

STEP 7

最後，在線稿上方新增一個圖層，使用尺寸較小的筆刷畫出細節。線稿若有較雜亂的線條，可以在這個階段直接覆蓋掉。此時，也可繼續使用圖層效果調整畫面，調整後合併圖層再繼續添加細節，直到完成。這個步驟沒有什麼特別的技法或加速的捷徑，只能靠自己的觀察力及耐心慢慢刻畫。

NOTICE

在最後畫細節的階段，很容易過度投入於刻畫細部，而忽略了畫面整體的協調性，或是花費太多時間描繪縮小時根本看不到的地方。此時，可以開啟【參照】功能，將完整畫面縮小放在一邊預覽，這樣就能在放大繪製時，隨時確認整體的呈現效果。

除了 Procreate 之外，大部分的電繪軟體都有類似的功能，像在 Photoshop 中就是【檢閱器】。如果是手繪，則可以時常後退一步觀察整體畫面，同時舒展一下久坐的筋骨。

-finish-

細節對照 POINT

人物其實是在陰影的區塊裡，但是在面向貓咪及陽光的部分，加強人物皮膚的暖色調，如臉部腮紅、手肘與手指，讓女孩從背景中跳出來一些。

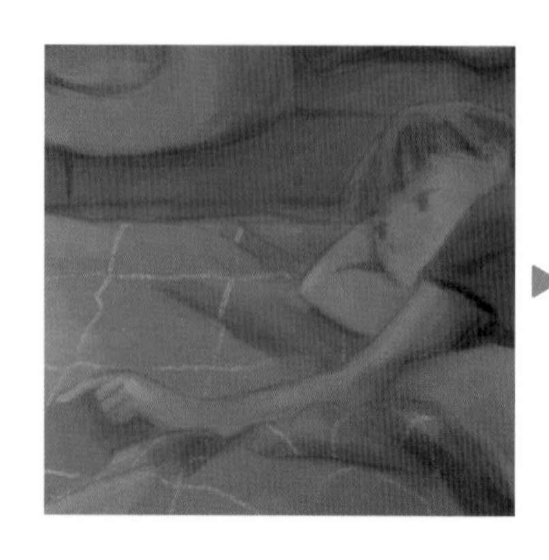

白色物品的部分，亮面處可以加入一點淺黃，如光線灑下的邊界；陰影處則帶一點淺藍，如貓咪毛色陰暗處，使冷暖對比更加明顯。

窗戶底部雖然是逆光的陰影區塊，但因為有光線經過，所以用較亮的青色畫出光暈效果。在提亮顏色的同時，也能與黃色的陽光做出區別。

52d6f4

藏在背景裡的物品也要加入細節，但不須畫得太細，以免搶過主角風采。盡量吸取畫面中已經存在的顏色來畫，比較好控制讓物品不要變得太突兀。

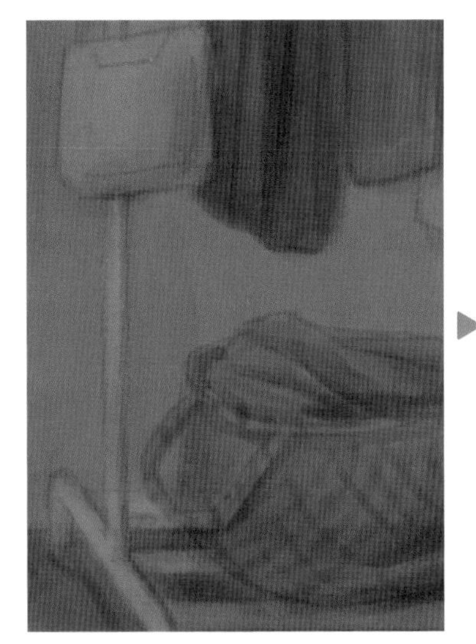

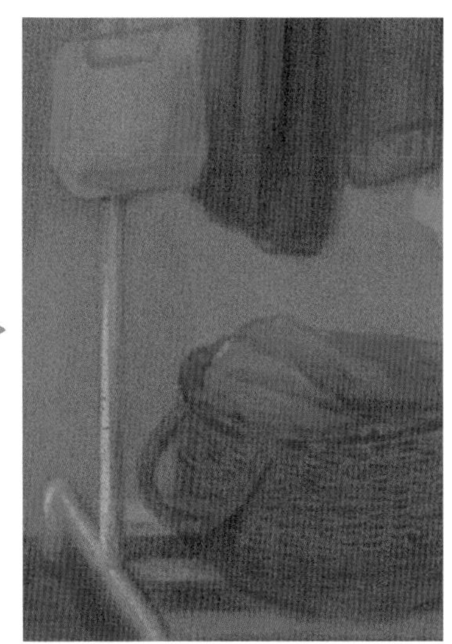

在陰影的色彩中，除了最一開始填滿底色的藍，我還加入了一點點較高飽和度的紫色及青色。如此一來，即使細節畫得較少，也能擁有具層次感的色調變化，與細節豐富的亮光處保有一致的完整度。

9ae8d2

d783ff

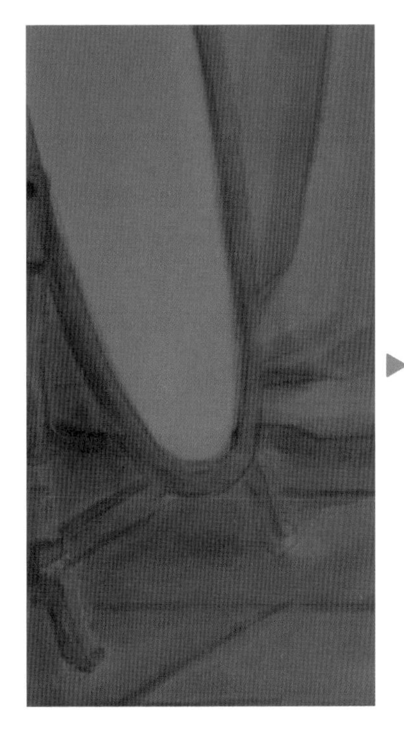

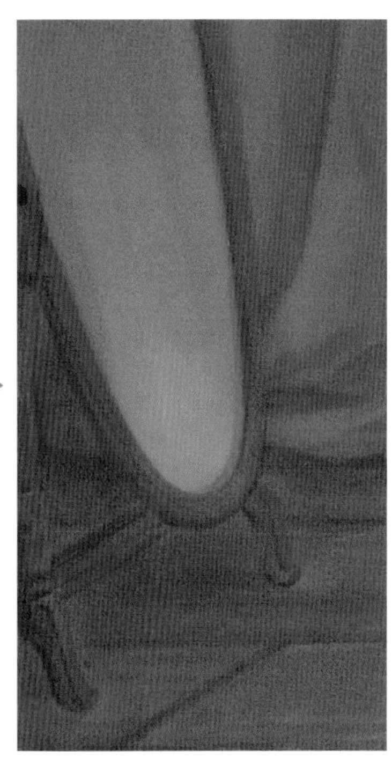

Column

如何畫出背光及強光效果？

當光源在物品的後方時，物品的輪廓會有一圈亮光，中間沒有照到光的部位會比較暗、立體感較弱。像貓耳朵、人耳朵、手指等皮膚較薄的部位，光線就會從後方隱約透出，此時可以加強血管的紅色，畫出透光的效果。只要開啟手機的手電筒，將手指壓在上方即可觀察皮膚透光的畫法。

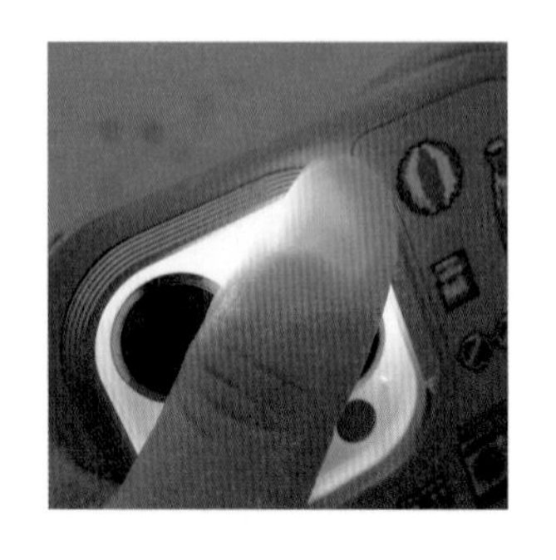

無論是否為背光，當光源較強時，在影子的邊緣處畫上一條暖色調的輪廓線，可以呈現光線強烈的效果。

初學者若還難以畫出整張完整的場景，可以先嘗試從一隻小動物與簡單的背景開始練習。其他呈現背光效果的作品如下：

✶ 速寫練習：療癒系的花草樹木

除了找尋靈感時可以隨機的找照片或物品來速寫，在已經確定要畫什麼內容的情況下，也能進行速寫練習。這個速寫的目的是為了更加熟悉物品的構造，以便正式畫圖時可依照需求調整物品角度或造型。

Practice

豐富線條感盆栽

透過速寫仔細觀察植物的外觀構造，了解構造之後，就可以自由的變換角度。盆栽的描繪重點在於線條多變的葉片，有各種不同的形狀，藉此練習線條的流暢度。

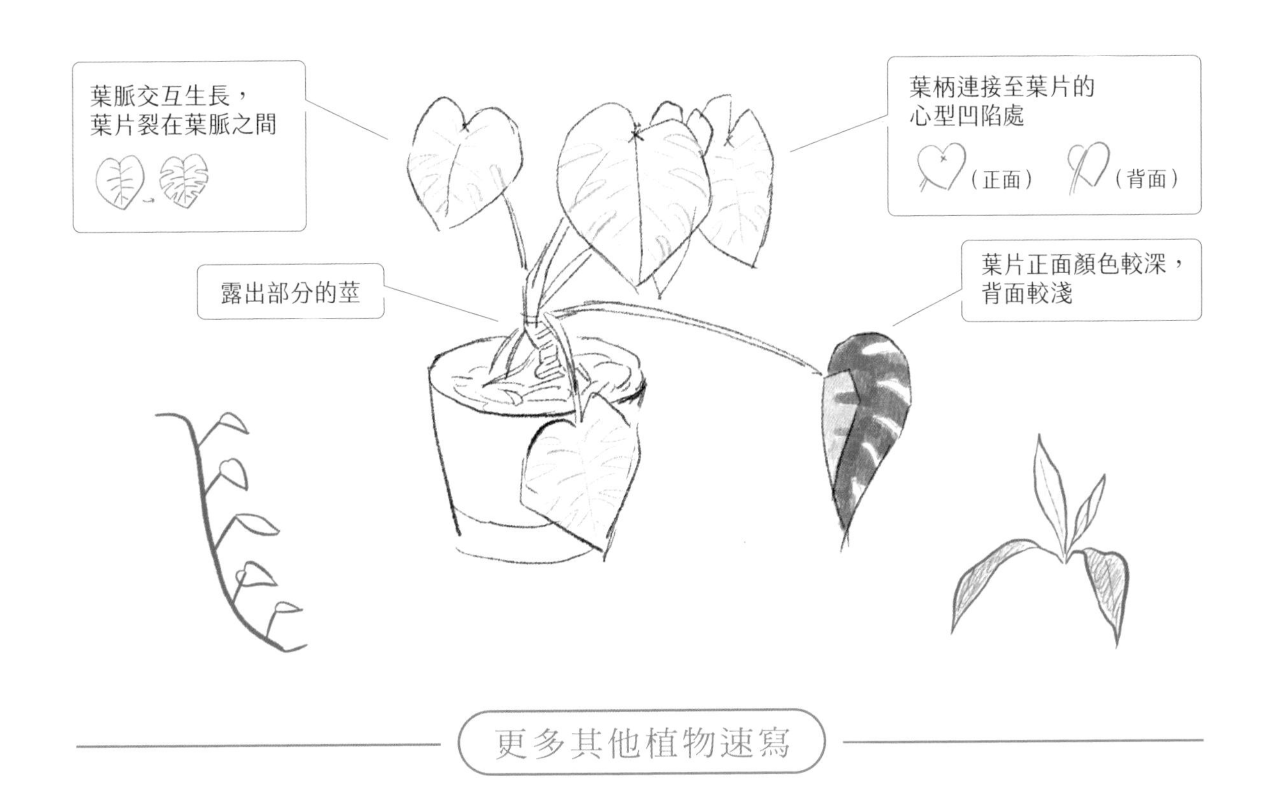

更多其他植物速寫

• 盛開的橘色小花

綠色草稿為看著照片描繪的速寫；橘色草稿則是進入腦海中，任意變換角度的速寫。

• 綠意盎然的盆栽

葉片向上生長、呈現放射狀的盆栽，線條俐落的葉脈是其主要特色，整體氛圍十分簡約優雅。

• 充滿生命力的大樹

在畫樹葉茂密的大樹時，不用將葉片的輪廓線一一畫出，直接用筆刷大略點出樹葉即可。

使用筆刷參考：**樹枝 → 朦朧、樹葉 → 麥克筆**

喚醒記憶的速寫

相同物品多畫幾次之後，會發現即使不看照片也能憑空將它畫出來。但太久沒有畫到該物品時，相關細節會在腦中慢慢變模糊。如果有很久沒畫的物品，不妨找出實物或參考圖片，重新恢復記憶，仔細地觀察。

下方左圖為許久沒畫、憑既有記憶畫出來的窗簾；右圖則為觀察照片後，重新練習畫出來的窗簾。兩者之間的立體感和層次感是不是差很多呢？

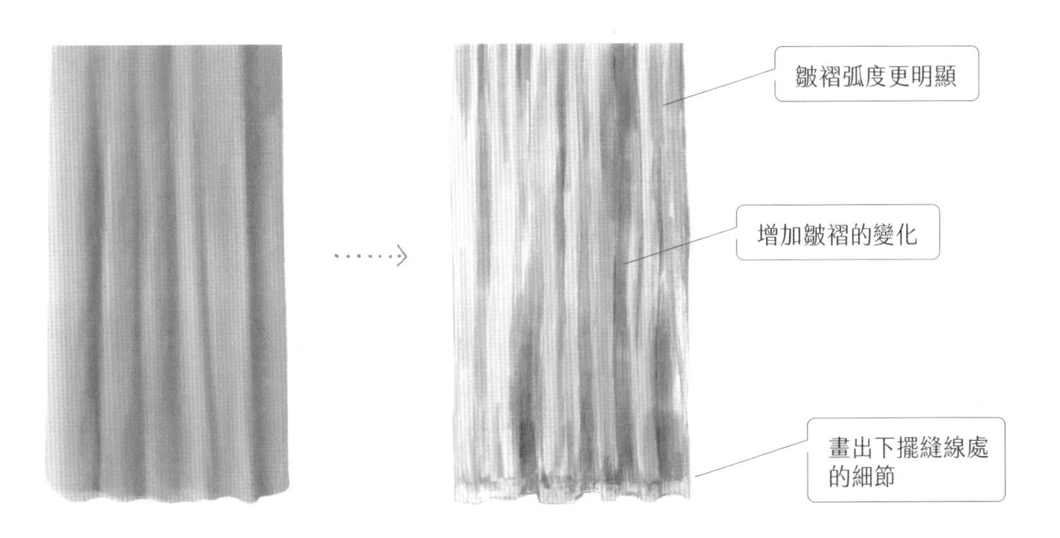

速寫就像做實驗般有趣

速寫除了用來分析物品的構造，也可以是很單純的放空塗鴉或練習手感的過程。因為一開始就抱持著「沒有要畫很完整的圖」的心情，反而更能拋開拘束，就像做實驗一樣，得到意想不到的成果。

右圖是剛購入新的水彩筆刷時，用來測試筆刷效果的隨手塗鴉。平常用電繪畫樹木，很容易不小心就把樹枝、樹葉畫得太仔細，但其實像這樣簡單的暈染及一點噴墨的效果，就能展現出樹木茂密的感覺。

左邊這幅作品原本只是一張草稿，因為懶得更換筆刷，所以使用粗黑的線條勾勒輪廓，沒想到畫出來有種簡約的設計感，因此就用相同線條把圖畫完。

上色時，起初也只是想快速刷一下顏色看看效果如何，沒想到隨興的麥克筆效果越看越喜歡，就讓這張作品停留在這個階段，沒有繼續加入更多細節。

這幅作品是某次在試用副廠繪圖筆時畫的，因為那支筆沒有感壓功能，無法用力道控制線條的粗細，如果要一直手動調整筆刷尺寸又有點麻煩。於是，我只使用一個固定尺寸的筆刷完成線稿，沒想到效果意外的乾淨、俐落。

上色時也一樣，因為較難做出暈染疊加的效果，所以保留了明顯的筆觸及色塊感，完成了帶點動漫感的清爽風格。

畫失敗的例子

最初，在畫貓咪曬太陽的場景時，其實畫出來的是這樣的感覺。畫完之後，總覺得畫面有種莫名的分離感，人物、貓咪、家具、植物等，彼此間好像是毫不相關的物品，在畫面中的占比都過於接近，且分散在各處，彼此之間沒什麼關聯或互動。當時，我還因為不停思考這個畫面到底出了什麼問題而失眠了一晚。隔天一早天還沒亮，趕緊起床將腦中全新的構圖畫下來，畫出想要的畫面後才終於鬆了一口氣。

✷ 勇於嘗試沒畫過的東西

與其說我是因為會畫畫才能畫出心中所想的場景，不如說我是為了想畫出這些喜歡的畫面才努力練習。無論你目前練習到什麼樣的程度，在發想畫面時都不必被現有的能力侷限住。先構思出自己最想畫的畫面，再進一步思考，有哪些東西是現在的自己畫得出來的、哪些是還沒練習過的？再逐步分批練習，並完成最終的場景。

影片示範

難度｜★★★★

放學途中，天空與背景街道染成了橘紫色。

舉例來說，要將現實生活中複雜的街景與夢幻的夕陽作結合，可能不太容易。如果想畫出傍晚時分從橋上俯瞰城市的場景，大概會是什麼模樣？角色與背景架構又該如何安排，才不會像真實照片那樣呆板呢？

STEP 1

首先，大致畫出心中所想的草圖，並列出畫面中有哪些必備元素。

STEP 2

接著畫出主角的動作及造型。對人體結構還不熟悉的話，可以多找一些參考圖片或自己拍攝動作對照。實際做一次動作，會更清楚身體的重心會往哪邊移動，手要推或是拉、腳尖要提起還是固定在地上等。

畫出姿勢的骨架之後，再畫出造型細節。先以黑色線條畫出基本造型，再用紅色線條一一加上配件或裝飾，逐漸增加角色的豐富度。

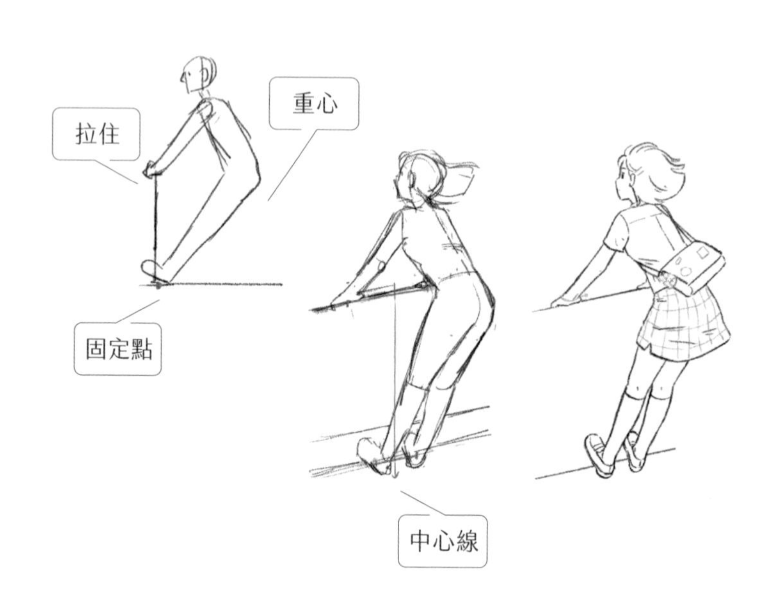

同時也能嘗試其他靠在欄杆的姿勢，或許會找到比原始發想草圖更適合的動作。

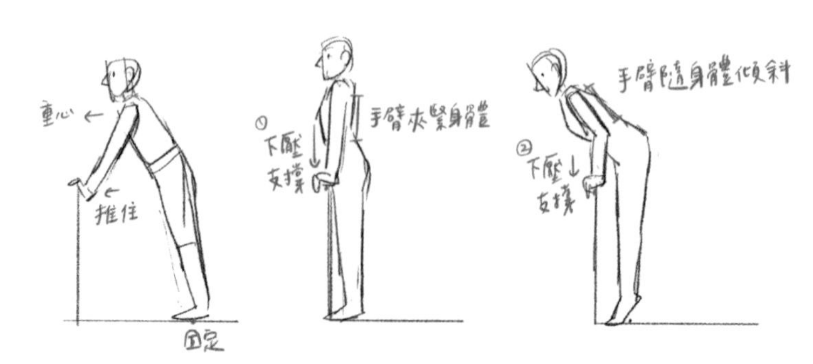

STEP 3

接著，仔細研究橋上的景色。在這幅作品中，我想像的畫面是有一些植栽、長椅、路燈等裝飾的空中平台，而不是單純過馬路的天橋。搜尋天橋、空中走廊、公園等關鍵字，把上面會出現的物品及結構細節速寫下來。

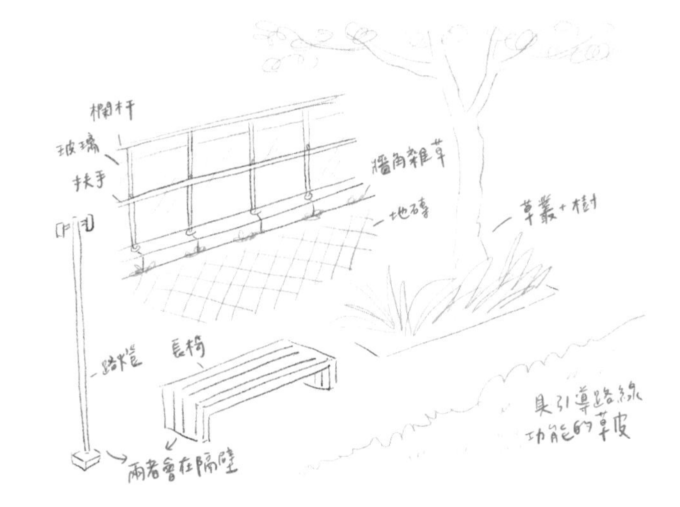

STEP 4

再來是城市街景，也是這張圖中難度最高的部分。一樣在正式開始畫之前，先找幾張城市的空拍照片，用速寫的方式觀察建築物、道路、廣場與路樹等分布位置。

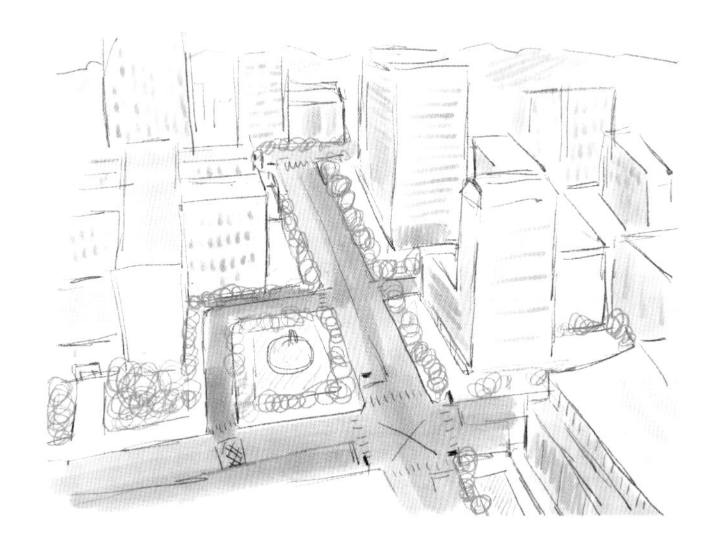

STEP 5

接著，是如何點綴天空及傍晚的顏色。在畫雲朵時，加入透視的概念，讓越靠近鏡頭的雲越大片，越靠近地平線及消失點的越小片，這樣可以使畫面看起來更加遼闊。

- **平視畫法**

  感覺雲朵在遠方。

- **透視畫法**

  感覺雲朵在頭頂正上方。

- **顏色配置**

  畫傍晚天色時，可使用藍色、紫色、橘色做漸層，橘色為日落的方向，藍色則是漸漸變成天黑的方向。

STEP 6

決定好天色之後，就可以將雲及畫面中其他的景物上色。由於光線是從右側橘色這邊照過來，所以物品的右半邊是受光面，左半邊則是陰影面。在傍晚的魔幻時刻，整片景色都會籠罩上一層橘紅色，物品的固有色會弱化，可以與場景01（P.40）使用相同的上色方式，先畫出光影底色，再淡淡的刷上固有色。

STEP 7

完成畫面分析及個別練習後，就可以將原先的草圖繼續完成。透視消失點有兩個，一個在主要馬路的盡頭；另一個則在橫向馬路延伸出去的盡頭。

STEP 8

開啟【輔助繪圖】功能，先將方正的物品，包括道路、建築物、欄杆等畫出來。再關閉【輔助繪圖】功能，畫出圓弧形的物品及樹木、草叢、人物等。因畫面中的物品較多，可運用不同顏色線條做區分。

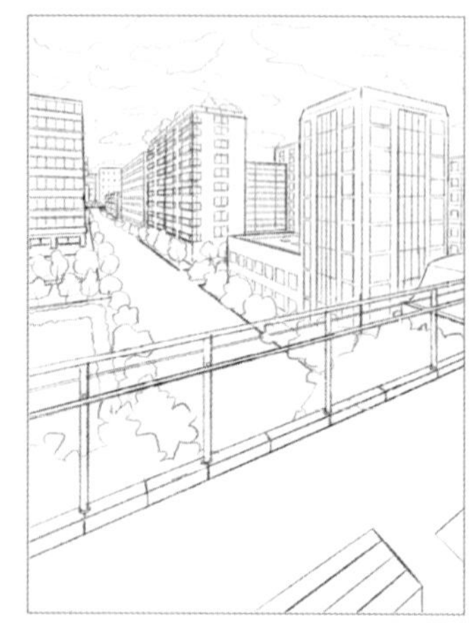

STEP 9

接著，畫上整體的色調及光影色，須留意光源來自哪個方向，除了區分出物品的受光面及陰影面外，也要畫出地上的影子。畫面下方的空橋地板處物品較少，加上一棵樹的影子可以為這個區塊增添豐富度。後續會繼續畫出每個物品的細節，所以不必花太多時間修飾光影色塊的邊緣，待細節都完成後再一併修飾。

NOTICE

目前圖層的順序由上而下為：

- 屬性改為【色彩增值】的線稿圖層。
- 後續要畫細節色彩的圖層。
- 光影圖層。
- 漸層天色圖層。

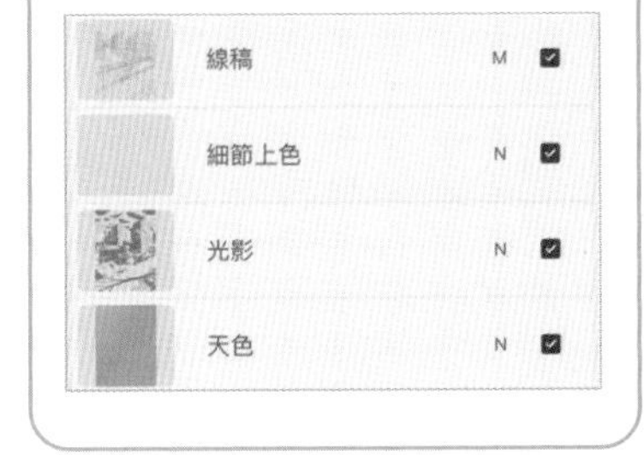

STEP 10

細節上色時，先從主要人物開始畫，接著畫出人物周邊的近景。下一步則是畫出天空遠景；最後再畫最複雜的街景。畫建築物時，因為窗戶會反射天空的顏色，與牆面的光影效果不太一樣，所以將窗戶留到下個步驟再畫。

• 人物近景與天空遠景

• 複雜街景

STEP 11

適當的使用遮罩及區分圖層，可以讓畫圖的過程更順暢。如果不是商業用途需要一直修改的圖稿，就不須將圖層區分的太細，一來可以加快畫圖的速度；二來可以讓自己畫得更自由，不被區分的圖層限制住，也能使整體畫面更生動。這張圖的完成度為九成，最後再加入一些畫龍點睛的修飾及光影即可。

-finish-

STEP 12

因為畫面中的物件已經不會再做修改，所以我將最後想再增加的細節都畫在最頂層的圖層中。光影的部分，在左上角遠景處加入藍色柔光，讓遠景顏色變淡；以及於畫面右側太陽方向加入橘色光，強調陽光照射的感覺。

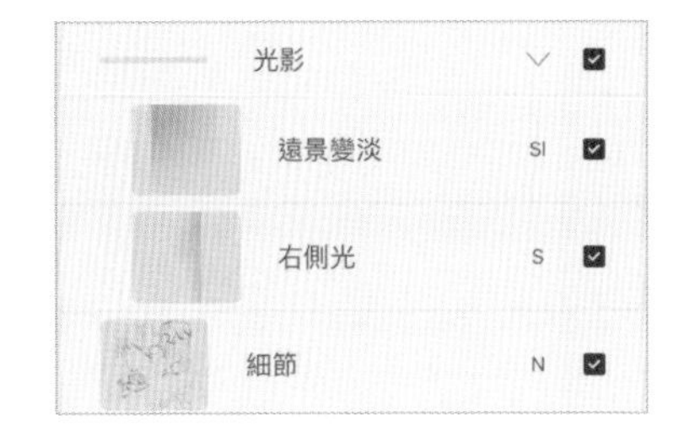

細節對照 POINT

最後補強的重點，像是人物的髮絲光澤感、背部襯衫、腿部長襪的亮面，再加重了一點白色面積。

而建築物為了更具有立體感，則加強了窗戶邊緣的陰影。

遠方的樹只要畫出大概的亮暗色塊即可，近處的樹再點出葉片的形狀，並畫出更多樹枝的細節，中間處的樹木則介於兩者之間。

在遠景中加入一些「生物」，可以增添畫面的生氣。在這張場景中加入了一些模糊的車子；另外，也在天空中畫上正在飛翔的小鳥。

如何快速畫出整面窗戶

像窗戶、玻璃這些形狀方正的物品，可以使用【選取】功能快速製作出方正的遮罩範圍，再開始上色。

STEP 1

點選【選取】功能，開啟右下方的【顏色填充】，畫出一個長方形。

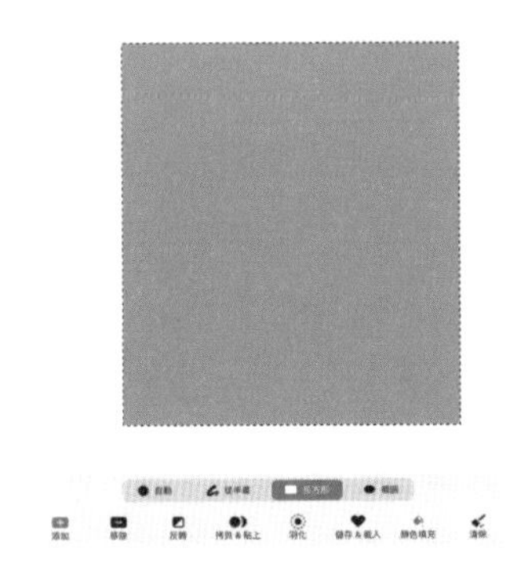

STEP 2

用橡皮擦擦出窗戶格子狀，再使用變形功能【扭曲】做出透視角度。

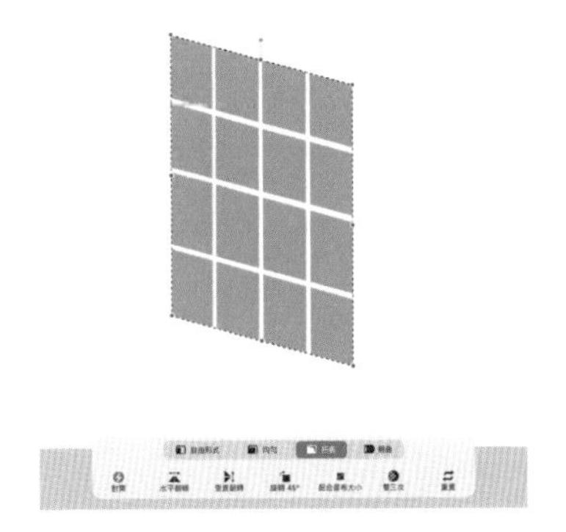

STEP 3

將色塊範圍製作成【圖層遮罩】，就可以在上色圖層中畫出反光的漸層效果。

其他不同時段的天空顏色

• 黎明的天空

天空漸層色

物品在光線下
的光影顏色。

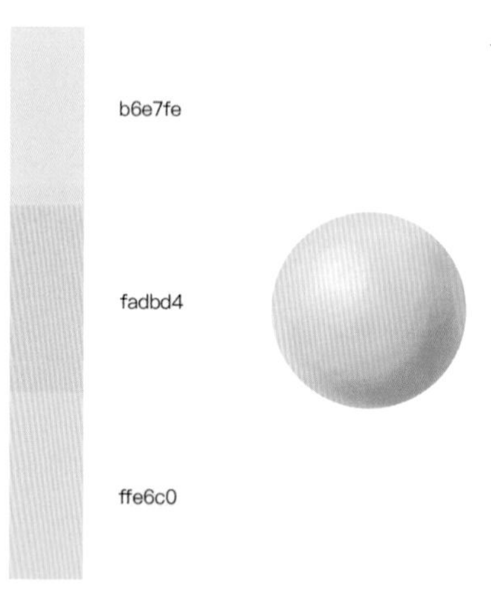

• 正午的湛藍天空

08aafa

6acffc

a1e0fd

• **夜晚的寧靜天空**

天空漸層色

物品在光線下的光影顏色。

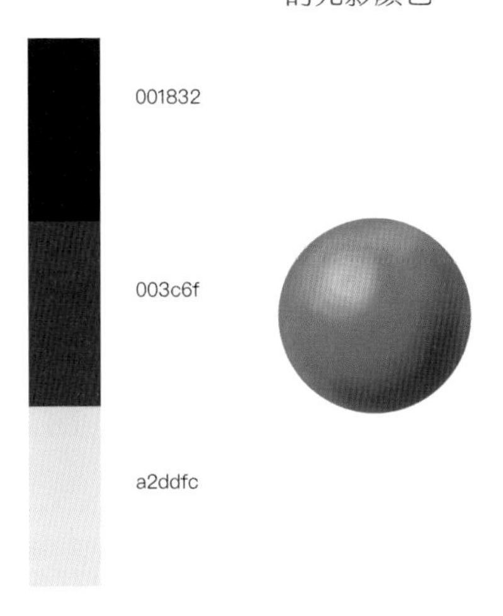

繪圖時間增減的練習

在繪製沒畫過的物品時，或是希望能再提升畫圖技巧，我最喜歡的練習方法就是「控制時間」。一種是減少畫圖的時間，也就是規定自己在限時內完成一張速寫；另一種則是增加畫圖時間，在已經接近完成時，逼自己再多畫一陣子，有耐心地畫出更多細節或再調整一下畫面。

在時間有限的情況下，需要先掌握畫面中最重要的元素。以畫人物為例，就是先畫出大致的骨架，接著可以花多一點時間描繪表情，衣服與背景物品用色塊帶過即可。練習時，建議大家實際拿出計時器，記錄自己究竟花了多少時間完成一幅圖。第一次進行時，先以自己沒有壓力的速度畫圖，了解自己畫一張圖大概需要多少時間之後，再慢慢將時間縮減。

在進行精緻且完整的畫面時，我會告訴自己：「再多花半小時，畫出之前畫不出來的感覺。」可能是再加入前景及遠景、幫人物多畫幾條髮絲等。看似不起眼的微調，往往能將作品提升至另一個層次。

定期檢視過去的作品

每隔一段時間，拿出過去的作品來做修改，可以更明確的感受到自己進步的幅度。右頁左圖為我兩年前畫好的作品，右圖則是近期再拿出來做一些調整後的樣子。調整的地方有：

- 遠景中多加入了一層深色的樹及樹叢
- 加強人物及老虎的毛髮細節
- 調整了近景樹叢的顏色
- 將雲霧改成柔和的霧氣質感
- 前景加入失焦的植物以及一些亮晶晶的光點

雖然是以增加物品為主，不過因為有調暗及模糊的效果，所以畫面反而更聚焦在人物及老虎身上。

舊作

新作

Chapter 3

營造畫面多變的故事感

一幅具有感染力的畫作，

必須能完整表達創作者想說的「故事」，

當學會了基本的描繪技巧後，

接著就需要替作品加入一點「氛圍魔法」。

✴ 如何替一幅畫說故事？

拍照時，如果想要讓照片變得更好看，需要透過構圖、光影或角色的安排，製造出畫面的故事感。以前面章節完成的傍晚場景為例，就得找出有完美角度的空橋、等待天空變成美麗的橘色，再等待學生經過或請模特兒擺出想要的動作。後續藉由後製調整色彩，把多餘的雜物修掉。比起這般辛苦地等待時機才能按下快門，我更偏好靠自己在空白的畫布上開始寫故事。

具備故事感的插畫，與真正有故事內容的漫畫是不同的。漫畫的目的是讓觀看者看懂故事情節，而插畫則是要讓人感受到「身歷其境」。一開始練習時，可以嘗試將故事寫下來，再試著將故事內容的其中一幕畫出來。

場景 03

影片示範

難度 ★★★

歐風的戶外咖啡廳座位，一隻從天而降的貓咪。

在一個天氣晴朗的午後，坐在咖啡廳的戶外座位，正享受著香醇的咖啡時，一隻貓咪從天而降。抬頭一看，發現咖啡廳正上方的二樓住家窗戶開了一個縫隙，或許是貓咪想與窗外樹上的麻雀玩耍，不小心失足掉下來了吧！幸好貓咪沒有受傷，還跟我對望了一眼，似乎是想叫我保守這個祕密，別讓其他人發現牠跌倒的樣子。

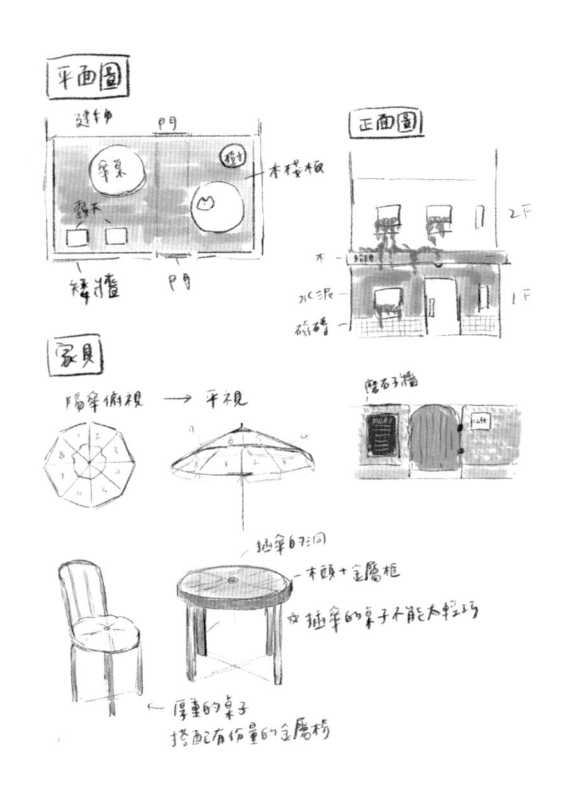

STEP 1

在進行這類遠、中、近景距離相近，且不同位置的角色彼此有互動的場景時，先畫出大概的俯視平面圖，確認物品與角色之間的距離及方向。才能畫出符合空間感的角色姿勢，及正確的視線角度。

STEP 2

接著，開始繪製線稿，找出畫面中的透視消失點位置，待完成背景的空間感之後，再依照比例放入人物。

STEP 3

一般在畫植物線稿時，我偏好直接用色塊的方式畫出樹枝與樹葉。會比單畫線條更容易判斷樹的形狀及茂密程度。先將植物的圖層保持在分開的狀態，後續上色時會更快速。

STEP 4

這個場景因為是明亮的白天，物品色彩的呈現會比較鮮豔，與前面示範的兩個場景不同。這次我先畫上了所有物品的固有色，再使用圖層效果加上深、淺亮暗效果。這個階段以色塊標示出物品大致範圍的顏色即可，還不用描繪細節。

STEP 5

顏色確認後，就可以將全部的底色及深、淺效果圖層合併，繼續畫上更多的細節。

STEP 6

加入更多細節之後，可以將所有圖層再次合併，並重複使用圖層屬性加上光影的步驟。這次可以自由發揮，嘗試不同的圖層屬性與色彩的搭配組合，製作出彷彿相片濾鏡般的效果，讓畫面更有氛圍感。

NOTICE

不同圖層屬性的效果：

- 添加：製作出強光照射、發光的感覺。
- 顏色變亮：讓暗部色彩提亮，減低畫面對比。
- 濾色：增加亮度並增添暖色調。
- 色彩增值：加深暗部並增添冷色調。
- 梯度映射＋柔光：使整體畫面色調更一致（P.82）。

第一次完成細節

再次加入不同屬性的圖層做出濾鏡般的效果

STEP 7

完成後，因為想讓畫面焦點落在主角及貓咪身上，所以使用了【模糊】功能讓四周的物品柔化。模糊步驟大致如下：

NOTICE

1. 拷貝全部畫好的圖層，貼在最上層，並合併為單一圖層。
2. 使用【模糊】功能調整模糊的程度。
3. 加入【遮罩】，將不想被模糊的部分遮蔽，露出底層清晰的圖案。

-finish-

梯度映射功能的運用

【梯度映射】是一個可以將圖片依照顏色深淺重新配色的功能，使用方式相當彈性，可以先畫好只有明暗的黑白稿，再用【梯度映射】上色。當你覺得畫面顏色過於雜亂，或是覺得顏色看起來太過單調、缺乏氣氛時，也可以使用【梯度映射】重新統一色調，調出原本不在想像之內的顏色。

- **畫好黑白稿後，**
  運用【梯度映射】配色

- **將整個畫面重新配色，**
  並做出濾鏡效果

STEP 1

首先畫出物品的固有色。

STEP 2

拷貝圖層並套用【梯度映射】，重新設定由暗到亮色的色調。

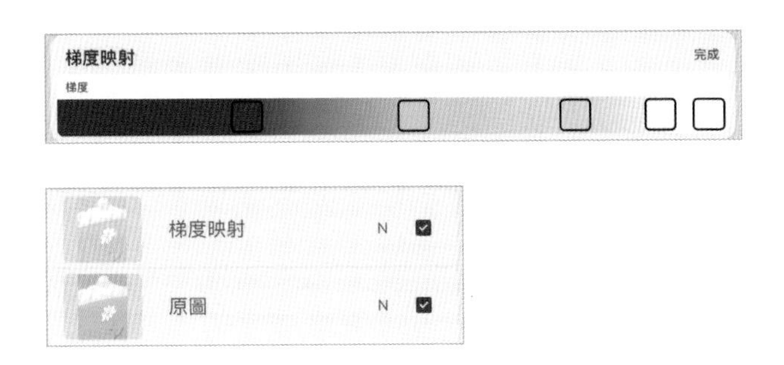

STEP 3

將套用【梯度映射】的圖層改為其他圖層屬性。可以混搭多種圖層屬性，也能搭配不同的梯度映射配色，或是使用遮罩遮蔽部分圖層。做法非常多元，不妨各方面嘗試看看。調整完成後，就獲得一幅色調更一致、風格更夢幻的作品囉！

自製筆刷，讓繪圖更迅速！

在前一個場景（P.76）中，為了讓樹葉看起來更茂密，我製作了一款葉子筆刷，以加快畫樹葉的速度。製作方式很簡單，先開啟一個方形的畫布，畫出圖中這個圖形，點選一個喜歡的筆刷，進到【筆刷工作室】，將圖形貼到【形狀】的【形狀來源】，再調整下方的各項參數就完成了。我在調整筆刷參數時通常很隨興，每一個選項都調整看看效果如何，或是畫圖的過程中再點開來調整。

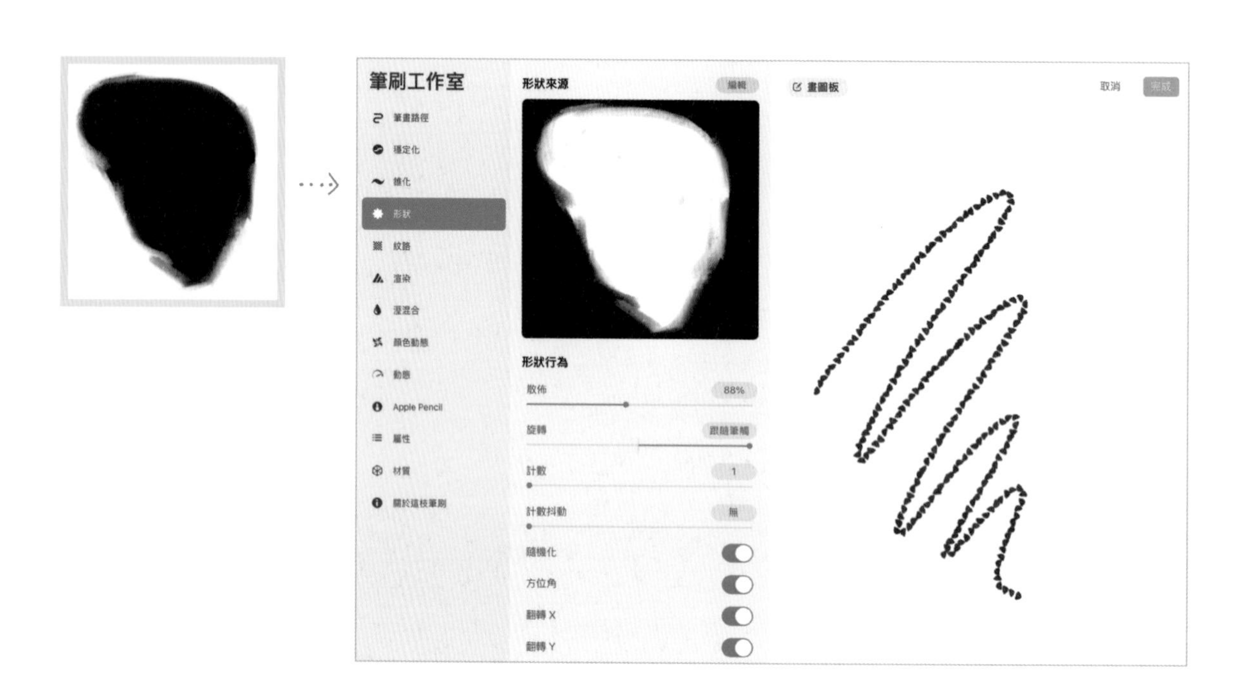

在後續的場景中，也會再使用自製的筆刷進行繪製，大家可以掃描 QR code ，點選【開啟方式】下載檔案或嘗試自己製作。上圖中的樹葉就是以自製筆刷完成的。

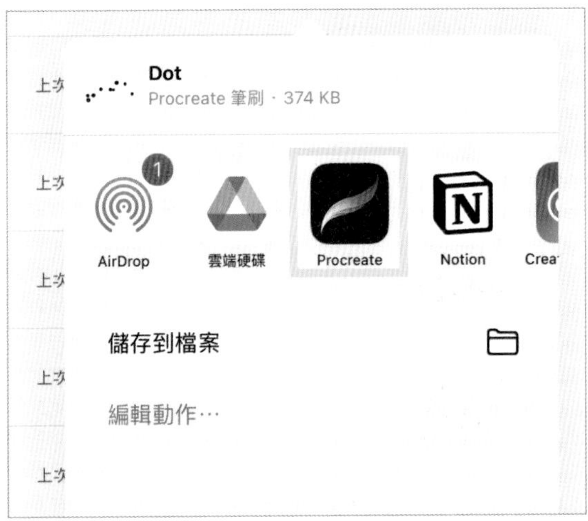

NOTICE

自製葉子、草叢、圓點筆刷。運用於繪製草地或花朵的筆刷。

長方形筆刷。類似這樣有深淺陰影的長方形筆刷，可以大面積快速畫出遠方樹的紋路。

方形塊狀筆刷。街景中經常出現的重複窗格，也可使用筆刷節省徒手畫上一格格窗戶的時間。

自製筆刷的實際運用

STEP 1

使用圖案筆刷時，先用一般筆刷畫出物品的色塊，再用圖案筆刷增添細節，效果會更自然。用最普通的【圓形噴槍】塗上底色。

STEP 2

使用圖案筆刷，陸續加上樹葉、草地、花朵，瞬間提升畫面的豐富度。

STEP 3

最後再搭配其他軟體內建的筆刷繪製細節，讓畫面筆觸有更多變化。

使用筆刷參考：光暈

畫出形狀更生動的花朵。

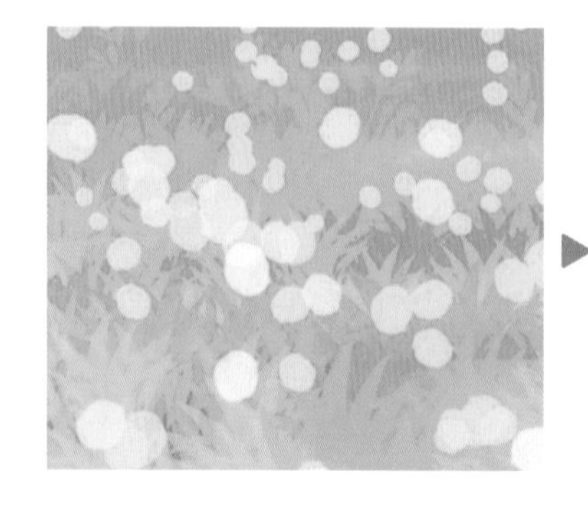

使用筆刷參考：
德溫特、水粉畫、朦朧

畫出更細緻的樹幹、樹葉及小草的形狀。

使用【塗抹】功能，將原本的樹葉稍微融合，再用尺寸更小的樹葉筆刷畫出葉片。

-finish-

✴ 如何營造更細緻的氛圍感？

稍微熟悉用寫故事的方式來構思畫面之後，便不需要每一次都將故事寫得那麼完整。可以變成「想畫出寧靜的感覺」、「想表現充滿張力及熱情的場景」等，接著再思考有哪些畫面元素適合表現這個主題。例如，我在畫畫的時候，總是能感覺到內心平靜，尤其是以傳統手繪在畫布上作畫時。那種細膩的感受與使用電腦畫圖完全不同，因為少了隨時可以開啟的網頁、時不時跳出的系統通知打擾，可以專注地沉浸在自己的世界裡。

場景 04

影片示範

難度｜★★

畫室創作，享受一個人的寧靜畫畫時光

除了畫畫之外，一般可以產生類似感受的情境有：平靜無浪的海面、柔和的清晨光線、沒有開燈的工作室等。將這些元素集合起來，便產生了初步的畫面草圖。

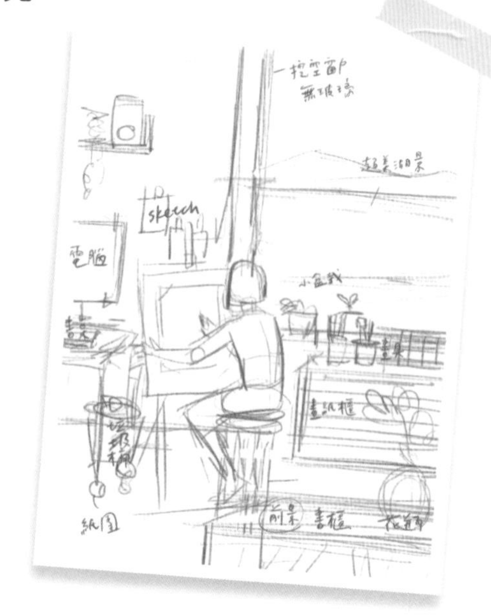

STEP 1

在這次的場景中，想加強室內與窗外景色的明暗對比。草稿完成後，先用灰階畫出大致的明暗分布。主角坐的位置是在室內照得到光的地方，也就是亮、暗銜接處，所以她身上會有豐富的光線變化，自然會成為畫面中對比最強烈的物品。

STEP 2

接著完成線稿，用不同顏色線條，將空間、背景物品與主角明確的區分開來。如底部背景用黑色線條；背景上的小裝飾物用藍色線條；畫面主角則以紅色線條描繪。

STEP 3

下一步，將明暗灰階也畫得更完整一些，此時上色的方式，會比較接近練習素描的模式，物品的顏色深淺會影響到整體的立體感。

STEP 4

在灰階的底色上，新增【顏色】屬性圖層加上色彩，完成後即可將光影與顏色圖層合併。

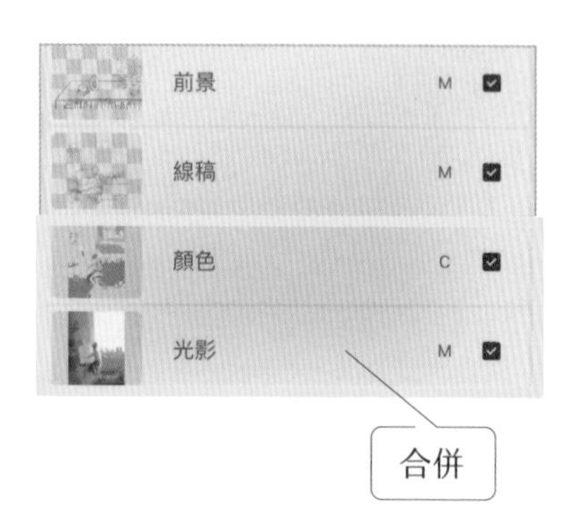

STEP 5

接著用【色彩增值】及【濾色】這兩個圖層屬性調整明暗的對比及色調，調好顏色之後便可以將圖層合併，繼續手動畫出細節。

STEP 6

在畫圖的過程中，隨時可以修改先前做好的設定，像是衣服顏色、整體色調等。如果畫到有點頭昏腦脹，不知道下一筆該怎麼畫、怎麼畫感覺都不對，不妨試著將圖先放著，過幾天再回來看它，可能會有新的靈感出現。比方說，畫到這個階段時，覺得衣服的粉色有點突兀，於是改成了白色。

STEP 7

原本想讓窗外的粉色系風景與室內較昏暗的色彩做出對比，但對比有點過於強烈，導致整體色調顯得不太和諧。於是，我將上色的圖層複製並使用【梯度映射】，重新配成與風景接近的色調。再將此圖層改為【覆蓋】並調整透明度，如此一來，整張圖的色調就變得更為一致。

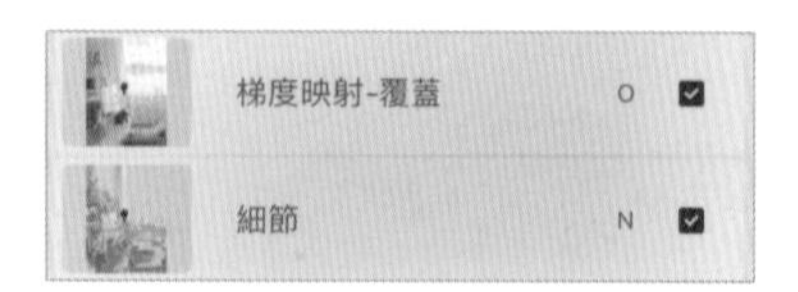

STEP 8

此外，也將物品較雜亂但非重點的前景及左側畫面做了【高斯模糊】處理，讓視覺焦點維持在主角的附近。

STEP 9

最後，再慢慢補上一些細節、加強主角周圍的高光，就完成囉！

▼

將主角前的畫布及人物面光處提亮，加強此處對比。

-finish-

Chapter 4

角色與背景的融合

當我們分別學會了人物或風景的繪製後，便要完美地將兩者結合，
試著讓景色襯托主角而不過於搶眼，
便需要進一步了解如何拿捏畫面複雜的程度。

✷ 主角的視線角度，讓畫面感更豐富

一幅畫得很細緻的插畫作品，通常能讓人在第一眼看見時感到驚豔；構圖如果還有許多有趣的巧思，更能夠吸引人花時間慢慢觀賞。不過，若畫面中的物品太多、太雜，也有可能使作品失去焦點，讓觀看者難以感受到作品想傳遞的氛圍。

適當的減少細節，留下一些空白及呼吸空間，可以讓作品變得更耐看。那麼，該如何決定減少哪些細節呢？我自己最常使用的方法，是依照主角的視線方向來決定。主角眼神凝視的方向，會讓觀看者產生代入感，也就是能在不同的程度上，感受到自己是否為場景中的一部分。

❶ 主角直視鏡頭：

觀眾彷彿在與畫中的角色對話，角色的表情、肢體動作及服飾造型會是重點，能藉此感受到角色情緒，但對於周遭場景的感受會相對較弱。

❷ 主角看著畫面中的其他角色或物品：

觀眾完全是第三人稱視角，可以客觀的觀看並感受畫面想傳達的故事。視覺焦點仍在角色身上，不過場景仍需要能辨識出角色們所在的環境及氛圍。

③ 主角背對鏡頭，或稍微側臉看向遠方：

觀眾視線會被引導一起看向遠方的景色，更能想像自己是看著該景色的主角，代入感較強。

場景 05

影片示範

難度｜★★

直視鏡頭，戴著遮陽帽、漫步街道的少女。

畫人物時，用橘色鉛筆畫出人物草稿，一邊畫一邊擦除多餘的雜亂線條。因為這張的人物距離比較近，會呈現出許多細節，所以用深色畫出頭髮及眼睛，並標示大致的陰影範圍。

• **三種不同複雜程度的背景比較：**

❶ 完全無背景的狀態下，更容易注地觀賞人物細節，不過缺少了一點周遭環境的提示，對於整張圖的氛圍感受會較少一些。

❷ 加上淡淡的背景，多了點在充滿陽光的地方度假的氣氛。

❸ 若背景畫得太過複雜、顏色太重，則會讓人物稍微失焦。

如果想兼顧背景的景深與空間感，並將焦點放在人物身上，可將背景模糊柔化、降低對比度。

STEP 1

找到合適的背景照片之後，將照片丟進 Procreate，用線條描繪出背景物品的輪廓。

STEP 2

因為這張的背景較複雜，所以我先將背景透明度調低，在新的圖層畫出人物，這樣畫面比較不會太過混亂。人物同樣直視鏡頭，但放比較遠、占畫面比例偏小，此時就可以搭配較細緻的背景。

STEP 3

接著，將背景畫好，直接吸取照片顏色覆蓋掉多餘的細節。為背景加上主要的光線，再打開人物圖層開始為人物上色。

STEP 4

完成人物細節之後，這張圖便大致完成。最後再調整一下整體畫面的光線，讓焦點集中在人物及遠處的背景。

STEP 5

雖然畫了很豐富細緻的背景，但希望能再多聚焦在主角身上。這種情況下，可以將前景暗部的對比度降低，犧牲掉飽和的顏色，引導觀眾視線看向主角及後方較亮的背景，營造出跟著主角一起往畫面深處走進去的氛圍。

NOTICE

使用曲線功能來調整對比度，將靠左側的錨點往上拉、靠右側的錨點往下拉，即可降低對比；反之，則為提高對比。

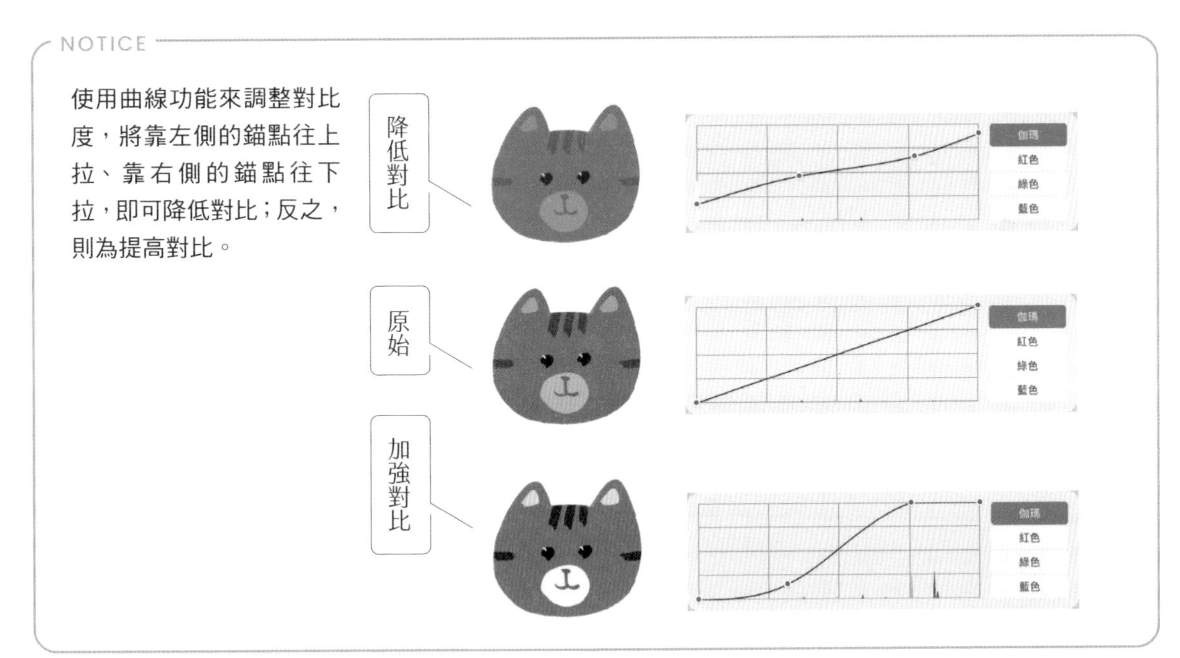

✷ 前景、中景、遠景的練習：色彩對比

相較於前面加強遠景對比的方式，另一種畫法，則是保留前景的細節及對比度，降低遠景的顏色對比、變得模糊，會產生人物往前走過來的感覺。需要與人物的肢體動作搭配，畫面才會更協調。

STEP 1

首先，畫出人物及背景草稿。接著畫出較精細的線稿，背景、人物及樹枝三者在分開的圖層。

STEP 2

畫出背景及人物的固有色，使用圖層屬性為前景加上較強的亮暗對比。

STEP 3

接著，開始畫細節，這張我先從最遠處的天空、遠山開始畫。遠景使用的色彩對比度不要太高。完成後，再依序畫出中景和近景，越靠近鏡頭的物品飽和度及對比度都越高。

STEP 4

最後畫出人物，再稍微調整整體的光線色調就完成了！

其他人物直視鏡頭的作品

這兩張作品中，為了著重在人物臉部閃亮亮的細節，背景就只畫上單一底色，沒有畫出可辨識的空間或物品。不過只要使用有紋理的筆刷畫上背景的顏色，再加入一些不規則的亮片、花瓣等，畫面就不會顯得太過單調。

這張圖中的人物並非往深處或近處移動，而是沿水平方向移動，所以背景也是以水平構圖為主，沒有畫到透視場景。讓畫面的空間感往左右兩側延伸，而非朝深處的消失點看過去。此外，人物使用較明顯的線條框出輪廓，背景的元素則沒有輪廓線，就可以讓主角從畫面中跳出來，不會完全與背景合而為一。

這張直視鏡頭的作品中，人物的比例並不大，背景只有幾株植物，畫面感覺似乎有點單調。但插畫若是準備用來做排版設計，就需要預留適當的空白範圍，才能放入文字及其他設計元素。在加入文字之後，畫面就變得十分平衡。

✳ 用照片繪製背景

多數時候，我習慣從頭開始親手繪製插畫背景，才能畫出真正理想中的空間角度，並自由搭配敘事所需的物件元素。不過偶爾我也會使用照片直接做修改，需要注意的是，直接用照片修改看似省事許多，但拍攝照片或尋找合適的素材，以及修改照片細節也相當耗費時間。所以通常只有在以下幾種情況，才會使用這個方式畫背景。

- 畫面著重於角色的神情或互動，背景中比較沒有影響敘事的元素。例如，前面示範的「主角直視鏡頭」與「主角看著畫面中的其他角色或物品」這兩種情況。
- 場景的角度容易拍攝，或容易在圖庫中找到適合的照片。
- 背景中需要一些雜亂的物品，例如，垃圾堆、雜草、書櫃等。

影片示範

難度｜★

主角對看，與貓咪一起享受鄉村悠閒陽光。

前面練習了幾幅完整的場景，這次試著將練習重點放在主角間的情感傳遞，背景想嘗試用簡單一點的方式處理，就根據畫面情境，從網路圖庫中找到一張合適的照片，確認沒有版權問題後，再進行後製改作。

STEP 1

首先，根據畫面情境找到一張合適的照片。使用照片時，要注意照片的版權，如果是自己拍攝的最沒有問題。若是網路圖庫的照片，就要確認條款中是否有允許改作、商用等說明。

STEP 2

將照片丟進 Procreate，使用【曲線】、【色彩平衡】等功能，調出接近自己平時繪畫習慣的色調。

STEP 3

使用筆刷將多餘的物品及細節覆蓋掉。除了靴子之外，塗掉的東西還有樹皮的紋理、畫面最左側及樹葉後方露出一點點的背景。

STEP 4

使用各種圖層屬性如【加亮顏色】、【添加】加強或調整光線。讓亮的地方更亮，帶點暖色調；暗的地方則帶點冷色調，如套用【濾色】、【色彩增值】等功能。

STEP 5

再使用筆刷畫出細節。這邊主要畫的是樹葉與木頭紋路的部分，改成像是平時手繪畫出來的樹葉，盡量讓人看不出來是照片。

使用筆刷參考：**自製樹葉筆刷、麥克筆**

細節對照POINT

STEP 6

接著，加入插畫角色，再調整一次整體畫面色調即完成。先畫出人物與貓咪的草稿，再用白底塗滿上色範圍。

STEP 7

畫上第一層底色，再加上大致的亮暗，讓主角不再是平面的，顯示出些微立體感。

STEP 8

最後，手動補上人物髮絲、衣服紋路、貓咪身體明暗、加強人物五官，再調整整體的光線色調，讓角色與背景具有一致性。

-finish-

✴ 結合照片的練習：夜晚的窗邊

前面學過運用明暗對比做出空間區隔的做法，也適用於室內亮、室外暗的情境。接著這張圖，背景是以真實照片改繪，畫面中的女孩正沉浸在睡前的閱讀時光，呈現出輕鬆、悠閒的自在氛圍。

Practice

從圖庫中挑選了一張歐系風格的臥室照片，畫面元素有自然植栽、大面積的窗戶，像是變魔法般將白天變成黑夜、再加入可愛的女孩與貓咪，就完成一幅全新的作品。

STEP 1

背景中的物品不用每一個都描出來，可以自行刪減，或是加入其他想畫的物品。描完之後，關閉照片圖層，觀察一下線稿是否有不完整的地方。

STEP 2

使用【色相】、【飽和度】、【亮度】及【曲線】等功能，將背景照片調成喜歡的色調，再吸取底色修飾掉多餘的物品。

STEP 3

原本的照片為白天場景，不過我想改成晚上。此時，只要使用【添加】、【色彩增值】等圖層屬性，就可以改變畫面中的光源及光影角度。

STEP 4

重複調整色調、加入圖層屬性、手動加強細節等步驟，直到作品調整至想要的效果即完成了。

NOTICE

若不確定使用的顏色是否有成功區隔出室內、室外的空間感，可以將畫面改成黑白觀察一下。

室內暗、室外亮的情況，光線會從窗外灑入室內，在窗戶附近的物品會較亮，形成自然的光線漸變。如此一來，就可以保有畫面的空間區隔及視覺上的平衡。（參考 P.90）

若是室內亮、室外暗的情形，則可以在室內加入一些深色物品或陰影，讓畫面中的深色不要只集中在窗戶一區。

-finish-

✷ 不禁越看越遠的景深

在「主角背對鏡頭或稍微側臉看向遠方」的場景中，需要將背景描繪得足夠精緻，觀看者視線自然會被角色引導至遠方，此時才有豐富的景色可以欣賞。若想讓人看得遠，畫面就必須呈現出距離的深度。

場景 07

影片示範

難度｜★

背對鏡頭，騎著掃帚看向遠方的小魔女。

原先發想這幅作品時，腦海中想到的是騎單車沿著河濱欣賞雨後彩虹的景色，後來靈機一動，將主角的造型與配件做了點變化，就讓整幅作品增添了更多的奇幻感。

STEP 1

構思草圖時，可以想一下畫面由遠到近分別有哪些東西：

- 天空
- 雲
- 彩虹
- 鳥
- 草原
- 花海
- 人物
- 樹

STEP 2

接著，準備上底色。從最大面積的天空及草地開始上色。將雲朵分為兩層，一層是較低、較接近地面的雲，另一層是飄在上空的雲；草皮則利用由遠到近越來越粗的色塊，營造出距離感。

STEP 3

最後畫出點綴的物品，包括彩虹、鳥、遠方的一棵樹、花海。花海的部分，也是利用圓點的大小差異，做出遠近效果。

STEP 4

在進行背景的細節之前，先畫出人物的髮色與服裝的大致底色。

STEP 5

接著，由遠至近開始加強背景。最遠方的底部雲畫完之後，我將它複製到下層，並調整了尺寸、位置及透明度，讓最遠的雲後方再多一個更遠的雲。

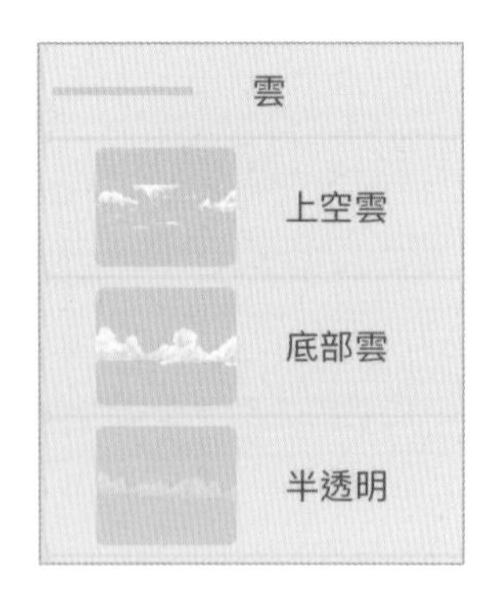

STEP 6

在主角圖層的上方，也再多新增一個圖層，隨意點上一些花朵的小色塊，並使用【高斯模糊】柔化，變成近景。這樣一幅可以越看越遠的插畫就完成了。

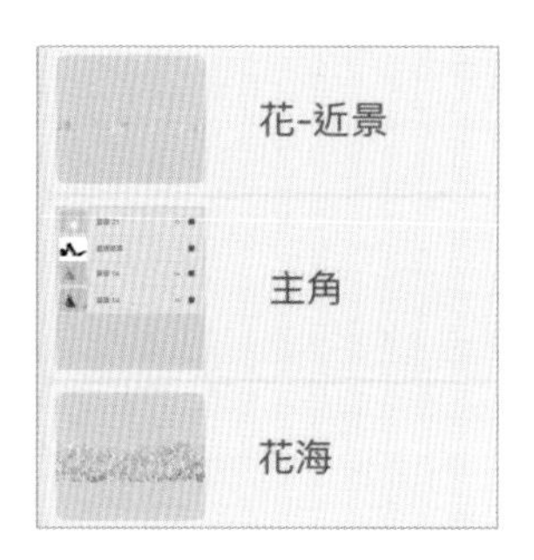

-finish-

Chapter 5

畫面架構的流暢度

跳脫教條式的繪圖規則，巧妙傳達作品的律動感，

藉由主角不同的視線做引導，

畫出跟著主角一同冒險的生動作品。

✴ 視線引導的張力呈現

在前面的單元中有提到，當主角的視線看向不同方向時，會使人對於環境、背景有不同的感受程度及代入感。而類似的作品，如果在人物占畫面比例都相近的情況下，視線的方向就會產生截然不同的氛圍及情緒，有時甚至可以體驗到畫作中被風吹拂的清涼感，或是音樂流洩的現場感，讓作品充滿生命力。

❶ 人物眼睛睜開：

觀眾視線會被引導至人物所觀看的地方。此時，人物與互動對象的表情或肢體動作，就會是影響畫面氛圍的主要因素。

❷ **人物眼睛閉上並抬頭：**

閉上眼睛的人物會讓人覺得他正在專注地使用其他感官，可能是聽覺、嗅覺、觸覺等。雖然眼睛閉著，但頭部的動作仍會引導觀眾視線，到人物臉部所面對的方向；抬頭的話，自然會望向天空或遠方，所以能加強對周遭環境的感受，整體畫面張力是由內而外擴散的。

❸ **人物眼睛閉上並低頭：**

相對的，低頭的動作則會讓人更專注於人物內心的情緒表達，可能是正在思考些什麼，或是有點沮喪的心情，畫面張力則是由外而內緩緩收攏。

場景08

影片示範

難度 | ★

瞬開雙眼，與花圃中的好奇小貓對看。

在構思這個畫面時，想呈現出更多偶遇、驚喜的感覺，所以強調了人物原本是在走路中的姿態。在草稿階段標示出手往前以及回眸的動作，以免完稿時忘記。

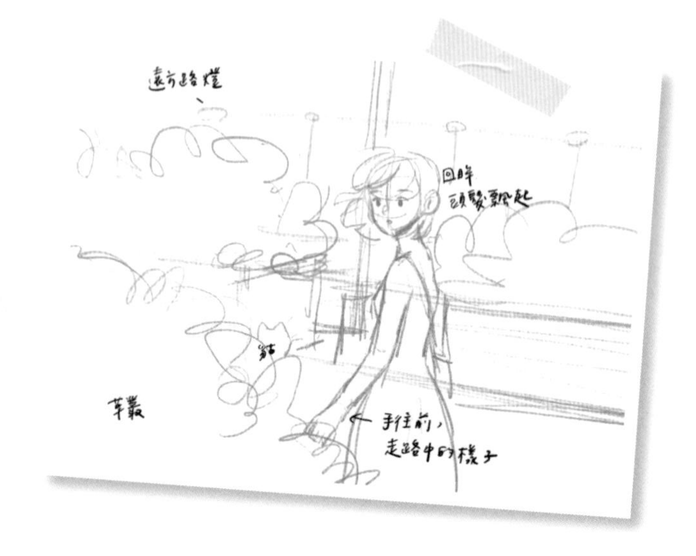

STEP 1

仔細描繪出完整的線稿，由於畫面中是人物正在前進的模樣，因此手部會微微向前擺動、頭髮有被風吹拂飄動的感覺。

STEP 2

場景設定為白天陽光下的景色，所以先畫出了背景的固有色。一些形狀較隨性的物品，像是雲朵或草叢等，直接以【塗抹】筆刷快速做出紋理效果。

STEP 3

完成遠景底色後再畫近景，主角則先用色塊把後續預計上色的範圍大致填上底色。

STEP 4

接著，畫出人物與貓咪的固有色，並加入亮暗光影變化。這個場景因為是在戶外陽光底下，如果為了加強人物的對比度而把陰影畫得太深，就會失去戶外的感覺。因此，我使用了較多的【添加】圖層屬性來增強亮部。由於人物展現了較強烈的光線對比，所以待會畫背景細節時，也得呈現出相對應的光線效果。

STEP 5

繼續完成背景路燈、前景、中景草叢的細節及光線，突然發現前景草叢過於凌亂瑣碎，於是加入【高斯模糊】處理。

STEP 6

但模糊之後，又覺得前景的深綠色太搶眼，所以再畫上三隻模糊的白色蝴蝶，平衡整體的視覺。

-finish-

其他視線看向不同地方的作品

無奈的看著貓咪、貓咪卻一臉若無其事的樣子，一定是剛剛做了什麼調皮的事情。在種滿盆栽的空間中，只有貓咪面前的盆栽倒了，土壤散落一地，可想而知剛才的狀況一定很混亂。

看向相機將鏡頭對著貓咪，雖然中間有一個相機隔開了視線，不過鏡頭、望遠鏡、放大鏡等物品，都能用來引導看向哪，若不曉得要讓人物擺出什麼動作，就搭配這些小道具將畫面變得更豐富吧！

畫面中的角色一起看向鏡頭。對著相機正面擺拍的感覺總是缺少一點意境，因此將這張圖的人物及貓咪都埋在長長的芒草之中，看不見彼此，甚至還不知道彼此的存在，似乎正在玩躲貓貓的遊戲。

畫面中的角色們一起看向某處，表現出期待與等待，或是有什麼事件即將發生。這張圖畫的是我之前確診隔離在家的情境，每天都花了不少時間跟貓咪一起看著窗外自由的小鳥。我將窗外的景色直接畫成繽紛、透光的漸層色，變成期待自由、快樂的意象。

與情人對望，呈現出深情、浪漫的氛圍。背景畫出了浪漫的粉色夕陽，整體光線都是偏柔和、溫暖的色調。

場景09

難度｜★★

閉上雙眼，在河堤感受微風吹拂。

在這個場景中，因為想畫出更多人物對周遭環境的感受，所以在背景加入了草地隨風擺動的姿態，讓畫面呈現出風的觸覺與聽覺。

STEP 1

在線稿階段，將天空的範圍擴大，畫了更大面積的雲朵，增加環境景物的比例。也畫上飄在空中的葉子，葉子的圖層與其他線稿分開，方便後續上色及作出模糊效果。

STEP 2

上色的步驟一樣，先將背景畫至大約八成，確認了整體的色調之後再開始畫人物及前景。畫完天空之後，覺得可以加上一道飛機飛過的痕跡。在增加天空細節的同時，也像是替這個畫面加入了更多不同的聲音。

STEP 3

因為這張作品的主色調為橘色和紫色，所以人物部分先用這兩個顏色直接畫出亮暗色塊，接著再畫上細節。

STEP 4

畫細節時，使用半透明筆刷畫上淡淡的固有色，讓固有色與底色融合，再吸取融合後的顏色繼續塗色。

STEP 5

接著，是水面倒影的畫法。先將畫面填滿天空及水面的底色，然後在上方新增圖層，畫出水面上的景物。

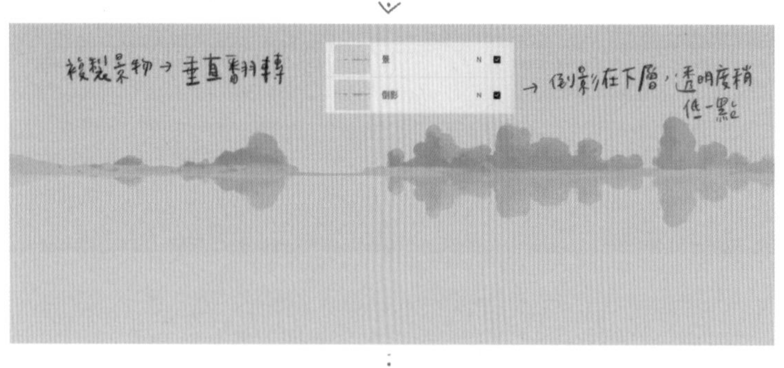

STEP 6

最後，用圖層屬性及【漏光】效果的筆刷，畫一些看不太出來但加上去會更好看的效果。這個步驟主要加強了人物及前景的對比，以及在光源方向加入一點亮光，讓畫面的層次感更豐富。

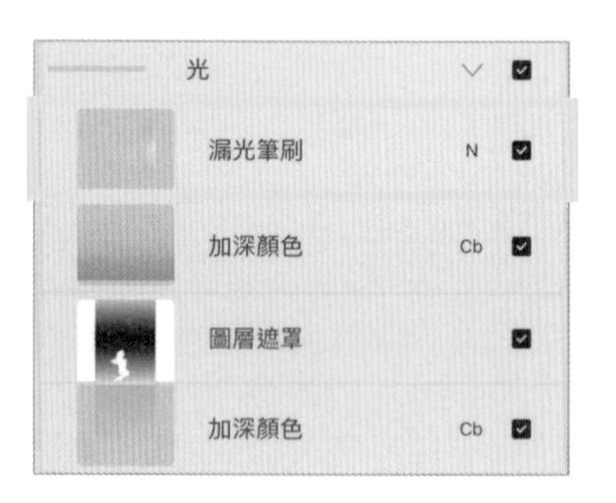

-finish-

其他閉眼感受著周遭的作品

與前面示範的作品為類似的情境，主角都是閉眼感受著空氣中的溫度、風及聲音。這張作品因為是正方形構圖，上方難以畫出大範圍遼闊的天空，所以加強了雲層的透視感，讓畫面產生往深處延伸的視覺效果。

主角雖然是貓咪，但仍有視線引導的效果。圖中的貓咪正在享受著悠閒的午睡時間，臉蛋微微地抬起，感受著溫暖的陽光及樹蔭下涼爽的微風。

有時也不一定要將背景畫得很完整，才能表現出對周圍環境的感受。圖中的藍色樹葉，可能是真的藍色樹，也可能是灑落在玻璃上的樹影。又或是可解讀成主角喝了咖啡之後，感受到彷彿置身於樹林之中，忘卻城市喧囂的模樣。

場景 10

影片示範

難度｜★★★

閉上眼在陽台戴著耳機，度過自由自在的夜晚。

這張作品的人物是低著頭、正在感受自己內心的狀態，所以我讓她戴上了耳機，旁邊有喜愛的植物與紅酒，營造出一種很自在又享受的情境。完成這張草圖之後，覺得可以增加一些有趣、奇幻一點的元素，所以畫上了貓咪及從耳機中飄出來的具象化音符。

STEP 1

在線稿階段，針對一些後續準備要上色的線條，像是牆壁與地磚的格紋、音符、近景的植栽，先將圖層分開。

STEP 2

接著，用灰色色塊區分出遠景、陽台空間背景、人物及周遭的物品等三個圖層。遠景的建築使用自製的方形筆刷快速完成，同時也決定了這張圖要走藍紫色調。再將背景及人物的灰色色塊也改成藍紫色，這樣後續上色時，整張圖就會擁有一致的色調。

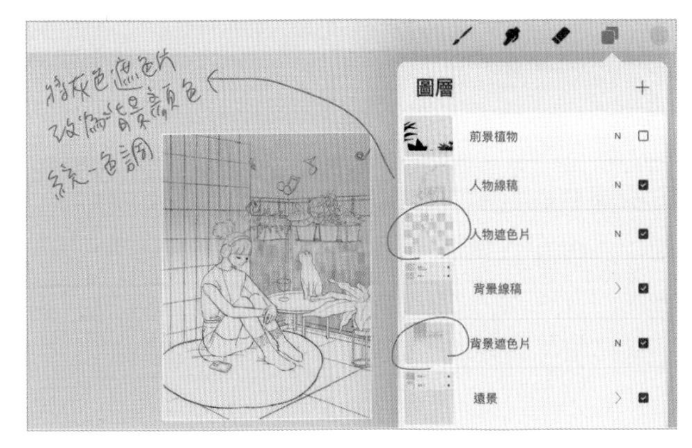

STEP 3

下一步，輕輕的在藍紫色的底色畫上固有色。然後大略帶出近景較模糊的植栽樹葉與中景的小盆栽。

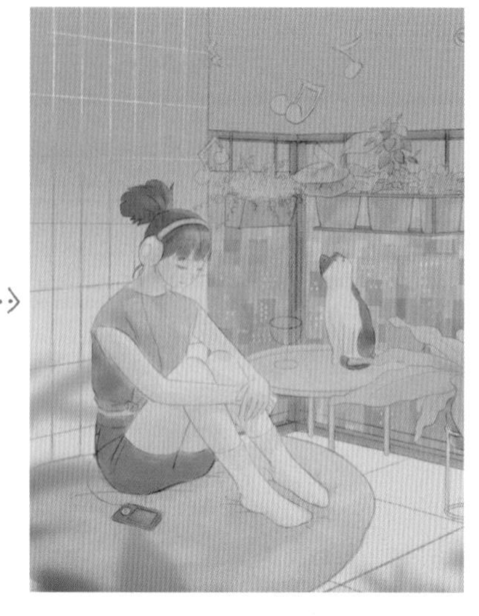

STEP 4

再用圖層屬性調整畫面對比度、光線，並手動加入細節。使用【加深顏色】圖層屬性加深陽台空間及人物的顏色，一樣由遠至近，讓對比越來越強烈。

STEP 5

因為這個場景缺少明顯的光源，畫完之後畫面似乎有點平淡，於是將音符改成半透明並閃閃發光，旁邊還有一些點綴的光芒。如此一來，除了讓作品變得更夢幻，也能在主角身上打光，增加立體感。

-finish-

NOTICE

半透明發光物品的畫法

STEP 1

畫出圖案，填滿顏色。

STEP 2

複製圖案，改為想要的發光顏色。
（兩種圖案為重疊，此為示意圖。）

STEP 3

上層白色：使用【調整→光華】，
再降低圖層透明度。
下層紅色：使用【高斯模糊】，
圖層屬性改為【覆蓋】。

STEP 4

複製白色圖層，使用【遮罩】畫出
高光效果。

STEP 5

加上一些閃亮亮的光，即完成！

其他閉眼感受自己的作品

在陽光下，閉著眼躺在貓咪身上，感受著牠的體溫及呼吸頻率，雖然不完全是在「感受自己」，但仍是偏向往內而非向外感受周遭的情境。利用從窗外灑進來的陽光，表現出類似聚光燈的效果，使畫面更聚焦於主角和貓咪身上。

瑜伽本身就是一種需要極度專注在自己身上及內心的運動，在圖中，使用了彩度較低的藍綠色，搭配瑜伽墊旁的一些小花草，呈現出人物內心平靜、祥和的情緒。

原本枯燥無聊的打掃工作，讓人物戴上耳機、閉上雙眼之後，彷彿變成了一件有趣的活動。在這張圖中，也畫上一些飄在空中的音符，音符是一個很容易讓畫面變的有童趣、充滿活力的符號。

這是一個貓咪搭著紅鶴泳圈的情境，照理說它們應該是在充滿陽光的泳池中或海上。但在這張圖中，我想加強「自在做自己的事、不被打擾」的感覺，所以沒有畫出明顯的光線。

當畫面中有兩個角色一起閉著眼時，可以展現雙方正在進行心靈交流的情境，不限於只專注自己。而這張圖中的交流，就是原本舒舒服服的準備睡覺，貓咪卻跑過來擠枕頭，我只好將頭歪向一邊把枕頭讓給牠。

Chapter 6

幫作品加入一點點魔法

接下來，試著讓故事更具有想像力，

放下寫實的框架，以不同比例的背景和角色搭配，

讓畫畫更自由、不受拘束，並將夢想中的世界記錄下來。

✴ 介於真實與奇幻之間

在繪製比較寫實的插畫場景時，多數的物品仍然會依照實際比例繪製。不過，如果能將一些物品或角色做適當的變形或誇大，就能瞬間讓畫面變得更有張力。例如，巨大的月亮或小動物，有別於平時生活中看到的模樣，甚至是以抽象的元素當成背景，也都是卡通動畫中經常使用的手法。

場景 11

影片示範

難度｜★★★

頂樓看夜景，女孩們的談心時間。

在這個夜晚的場景設定中，如果依照月亮真實的比例繪製，畫面在視覺上會比較聚焦於前景的人物。雖然能呈現出月光下好友們談心的情境，但整體感覺卻相對平淡、普通。

若大膽地將月亮做誇張的比例放大，並繪製出月球表面的坑洞細節，畫面焦點就能成功轉移到月亮。此時觀眾的視線，會先從天空經過遠方的夜景，最後再停留到前景的人物身上。如此一來，就成功的進行視線引導，讓整體的氛圍感和渲染力提升許多。

NOTICE

需要注意的是，若畫面中的人物或主角也是較大尺寸，建議讓月亮變得更大或維持原始比例。除了月亮之外，也適用於畫建築物或樹木等物品時的概念。總之，別讓畫面中的主要物品們大小相同。

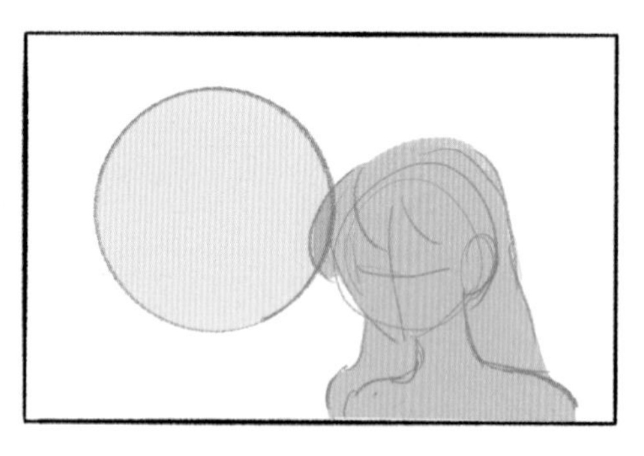

NG

人物尺寸較大時，若月亮跟人物一樣大，便難以區分出兩者在畫面裡的重要性何者較高。

OK

可以將月亮縮小至正常比例，感覺在遠方，並融入背景當中。

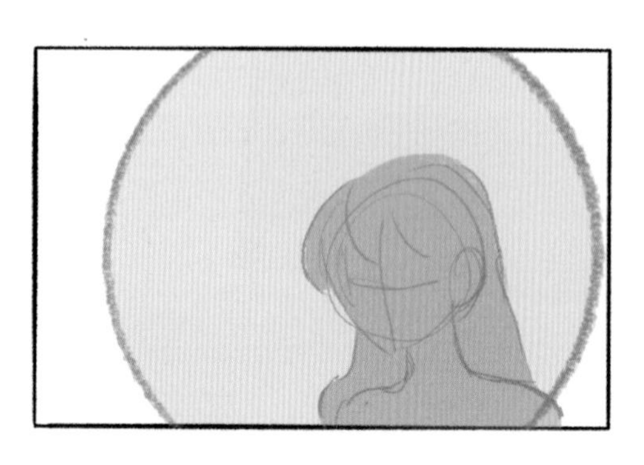

OK

或是將月亮變得比人物還大，大到超出畫面邊界，使人忽略其存在感。

OK

若要強調月亮，則建議將人物縮小一點，讓月亮變成主角。

STEP 1

在草稿階段，可以用不同的色彩區分出背景裡的重要物品，以便觀察構圖是否協調。

STEP 2

接著再新增圖層，將畫面中預計要出現的物品，如陽台牆壁的磚頭、人物服裝、桌子上的小物，仔細的將線稿描繪畫出來。

STEP 3

因為月亮占據了畫面較大的面積，所以先完成月亮的細節。接著，畫出前景的人物，由於是深色的夜晚，固有色較不明顯，使用半透明筆刷輕輕的畫上顏色即可。

STEP 4

在這個畫面中，想呈現出主角們居住在城市高樓之間的情境，所以距離較近的幾棟大樓畫出了完整的立體形狀。遠方的夜景，則用前面教過的自製長方形筆刷快速完成。

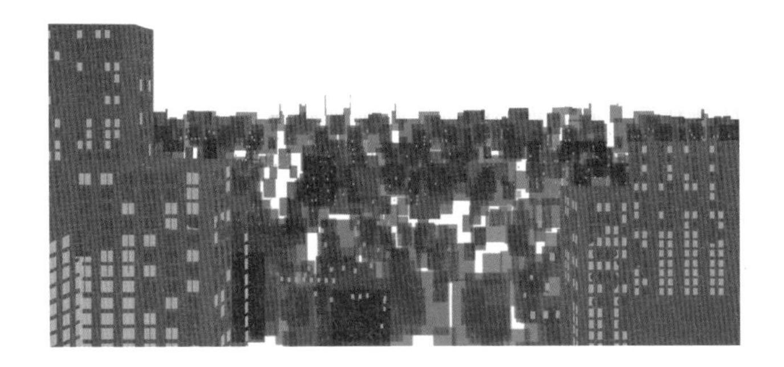

STEP 5

大致完成後，先調整前景的對比度及細節，再調整天空及遠景。

STEP 6

完成基本的上色及細節描繪後，此時畫面雖然完整，但還缺少一點城市夜晚的迷幻燈光感。所以要善用圖層屬性，加入各式各樣的「光」，這些光的功能除了讓畫面變得更繽紛之外，也可作為不同層景物之間的區隔，加強剪影輪廓。

NOTICE

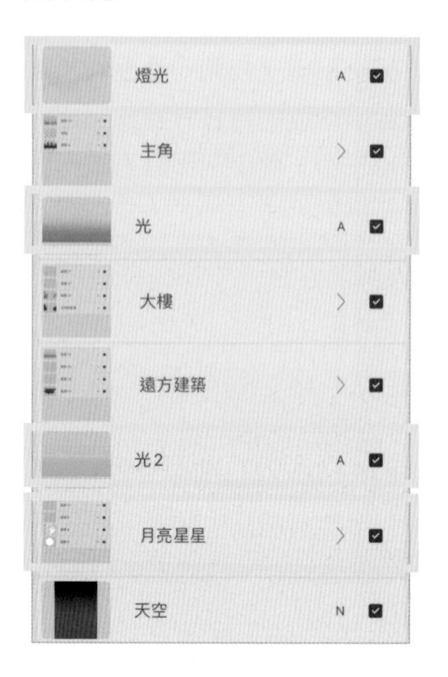

- 燈光：掛在陽台的暖黃色燈光裝飾，為陰暗的前景增添一點亮度。
- 光（紫色）：低樓層店家的招牌、路燈等光源。
- 光 2（亮綠色）：地平線的光害。
- 月亮星星：呈現出月亮發光的感覺，同時讓月亮的輪廓線變得較為朦朧。

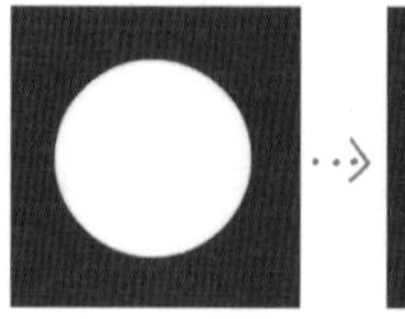
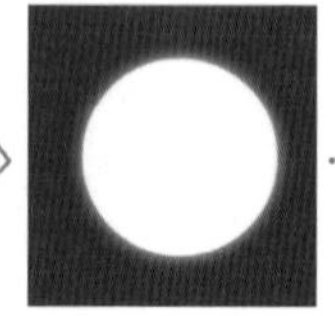

❶ 基本圓形　❷ 往外的白色光暈　❸ 往內加上淡紫光暈

-finish-

加強童話奇幻感的作品

讓人物飄在空中、潛入水裡，或是讓水中的動物在空中游泳等，是滿常見的奇幻感構圖手法。運用漣漪、泡泡等元素就能加強奇幻感，即使畫面中的場景、角色都是寫實的畫法，同樣能讓觀看者感受到魔法的存在。

這張作品中，除了人物以外的東西都十分巨大，也可以想像成將人物縮小。雖然物品都和寫實中的樣子相同，但是會給人一種身在童話故事中的感覺。

右圖中的貓咪雖然巨大，但仍可理解成是某種新品種的巨貓，所以將貓咪放大所帶來的奇幻感似乎沒那麼強烈。不過，天空中不真實的星星形狀卻加強了童趣與奇幻的效果，藉此將觀看者從真實世界拉入童話世界中。

有時將真實場景完全捨棄也是可以的，畫畫原本就是一件很自由的事。我經常在畫完大量的寫實場景之後，會有一陣子想放空畫一些不用考量到透視、色彩、光影等理性元素的有趣畫面。

雖然右圖中沒有寫實的背景物品，只有一個黑色色塊，但加入角色的動作以及墜落的星星月亮之後，依然能看出主角坐在懸崖邊緣。

這張也是運用了將背景捨棄的手法，把原本的浴室空間改成了整片的夜空。比起在牆上開一扇窗戶、透出外面的天色，像這樣替換掉整個牆面的方式，更加深了夜晚的氛圍。

✷ 找出季節的專屬顏色

「增添季節感」是一種很好營造畫面氛圍的方式，運用合適的色調，再畫入符合該季節的元素，就能大幅增強觀眾對情境的感受。例如，使用飽和的藍色與黃色，畫出穿著水手服的少女，就很有夏天的清涼感。改用淺藍色或灰色，畫出圍著圍巾的人物，瞬間就變成了冬天。

場景 12

影片示範

難度｜★★

在樹下散步，感受季節的變化。

這幅畫面中的構圖很單純，視覺焦點放在女孩牽著狗狗漫步在公園步道上，前景則是綠意盎然的樹叢，由於要進行顏色的調整來展現時序的變遷，以風景素材作示範，會馬上感受到配色的魔力有多麼強大。

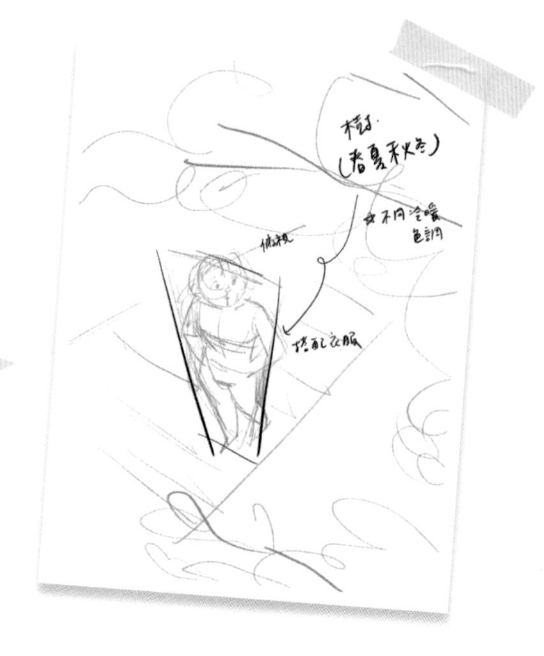

STEP 1

在這個畫面中，我想表現人物抬頭看向樹葉、感受季節變化的氛圍，所以畫了俯視的角度，將樹葉的位置擺在最前面。開啟【輔助繪圖】功能，設定如圖中三個消失點，接著畫出地面及人物的透視草圖，再完成線稿。

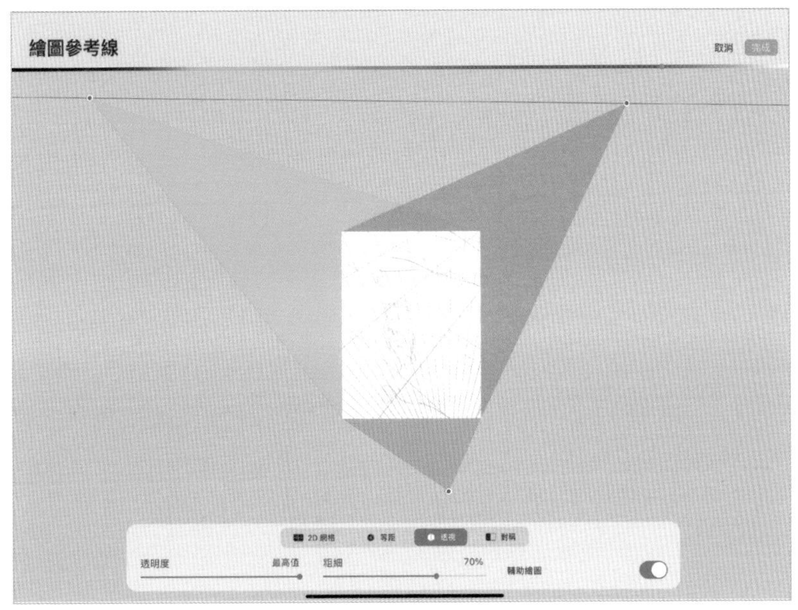

STEP 2

接著，開始繪製較完整的線稿，例如畫面主角與狗狗，以及俐落地勾勒出右側大面積的樹枝範圍。

STEP 3

再來畫出背景的固有色、主角先框出填色範圍，地板紋路及樹葉等不規則形狀的物品，則使用自製筆刷快速完成。

STEP 4

上色完成後，因為覺得樹葉的茂密度稍顯不足，就將樹枝及樹葉的圖層複製，再縮放、調整位置，讓樹葉看起來瞬間增加一倍。

畫到某個程度後，用複製與變形增加茂密度。

STEP 5

在這種有樹木的場景中，最重要的元素就是樹影了。只要將已畫好的樹複製後，填滿藍色、圖層屬性改為【色彩增值】，再移動一下位置，就能快速完成初步的樹影。樹影的圖層位置，要放在所有會被影子遮蓋的物品之上。

STEP 6

將樹影圖層使用【高斯模糊】功能，再加入高光讓畫面充滿光影感，最後手動補上一些細節，就接近完成了。

STEP 7

最後，想讓樹葉及背景草地的距離感再稍微拉遠。同時，也覺得整張畫面的顏色偏綠，因此加入一點其他色彩，在背景圖層上方新增一個桃紅色的背景光，即完成了。

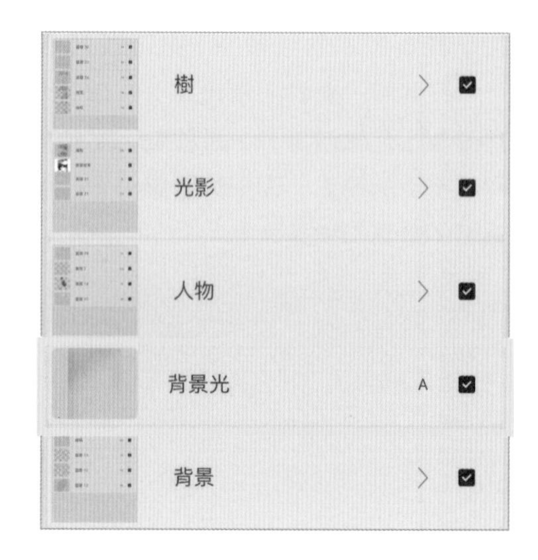

-finish-

換種顏色，彷彿氣溫也跟著變了！

起初構想這個畫面時，想呈現的是在春天微涼、舒適的氣溫中散步，看向樹梢剛長出的綠色嫩芽。完成後，覺得綠色樹葉與春天的聯想度沒那麼強烈，所以又調整出粉色櫻花的版本。雖然沒有正確地畫出櫻花樹及櫻花的形狀，但光是調整顏色就讓春天感大增，這就是配色神奇的地方。

• 櫻花版

除了樹的顏色之外，人物的衣服也有稍做調色，讓整體色調看起來更協調。

• 秋天版

金黃色的秋天有種剛入秋、陽光還很強烈的感覺。除了樹葉顏色以外，也將左側背景光改成金黃色，增加陽光灑落的氣氛。

• 楓葉版

橘紅色的秋天，會令人想像即將進入冬天的蕭瑟感，於是將樹葉與草地都改成黃色和深橘色，背景光則同步調為橘色。

• 夏季版

原本綠色的樹似乎更適合夏天，所以我將人物穿上了夏季的服裝。雖然同樣穿著長裙，但可以脱掉外套，加入長裙飄逸的皺摺以及刷淡顏色，讓整體看起來更涼爽、輕盈。

細節對照 POINT

季節交替時，可以使用同樣的構圖畫出兩個不同季節的場景，運用【遮罩】做出比對的效果或用動畫的方式呈現季節轉換，效果會相當令人驚豔喔！

▼

細節對照 POINT

僅僅使用了【調整】功能及【圖層屬性】更換畫作的顏色配置，就可以改變作品的季節感。原圖是以初春為情境繪製的，選擇較粉嫩的粉紅及藍色。將色彩調整為橘色、咖啡色系之後，就轉換成秋天的氛圍。

✳ 配色的練習：玩出不同的季節色彩

- 粉嫩色系、亮綠色，以及豔麗的花朵紅色很適合代表充滿生機的春天。

- 明亮色系，代表海洋的藍、象徵陽光的黃色，則充滿夏天的氛圍。

- 大地色系，秋天適合橘色或咖啡色等偏暖色調或較低彩度的色彩。

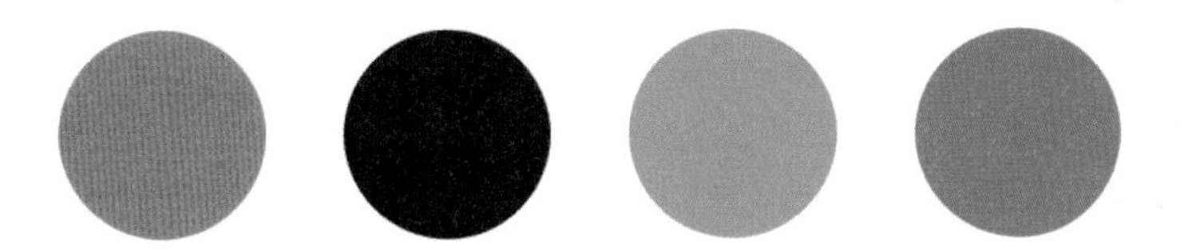

- 冷色系，換成偏冷色調的低彩度色彩，如灰色、深藍色，立刻就有了冬天的氣息。

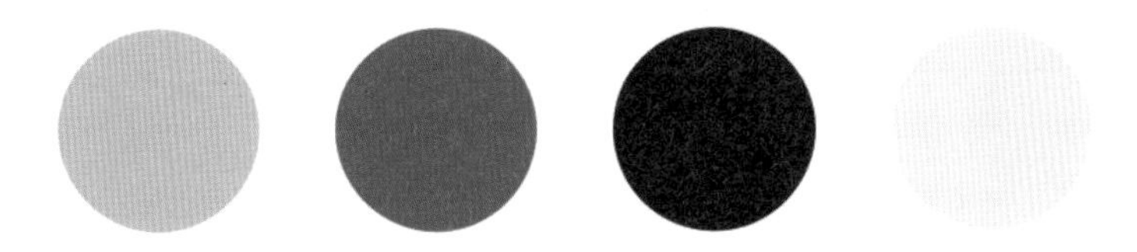

NOTICE

如果在這些色彩中，混入少量不屬於該季節的顏色，其實也不會影響整體的氛圍，反而會增加一點畫龍點睛的效果。

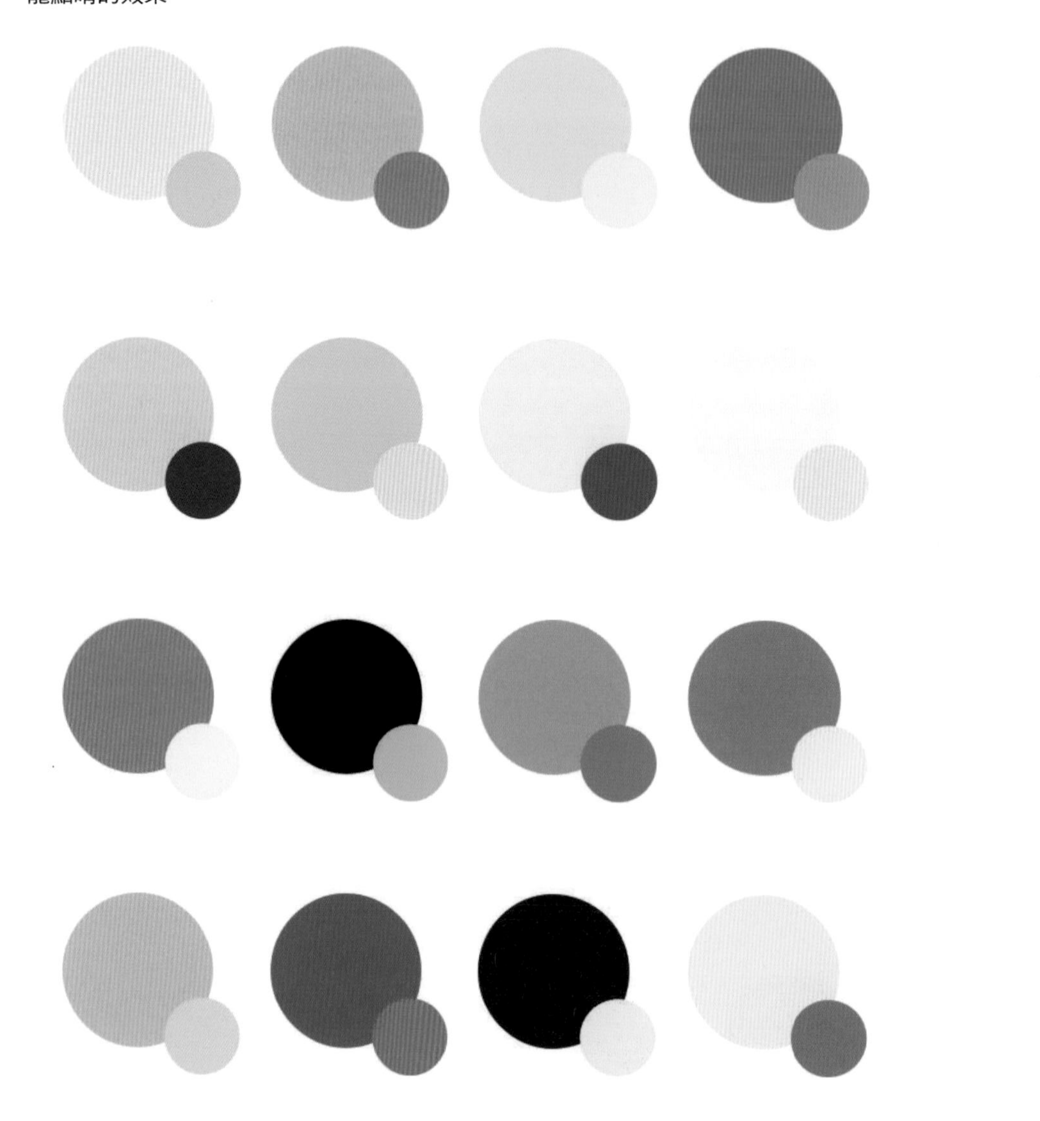

✷ 如何表現人物的肢體語言

在畫人物時，可以多多運用髮型、膚色、體型、服裝等差異，區別不同的角色，並帶出他們的個性。光是膚色與髮型的變化，就能展現出文靜、陽光、知性或是活潑的個性。

另外，人物的肢體語言也是相當重要的元素。可以透過多多觀察、速寫不同個性或心情的人物，精準掌握人們在不同狀態下的肢體表現。

- **個性**

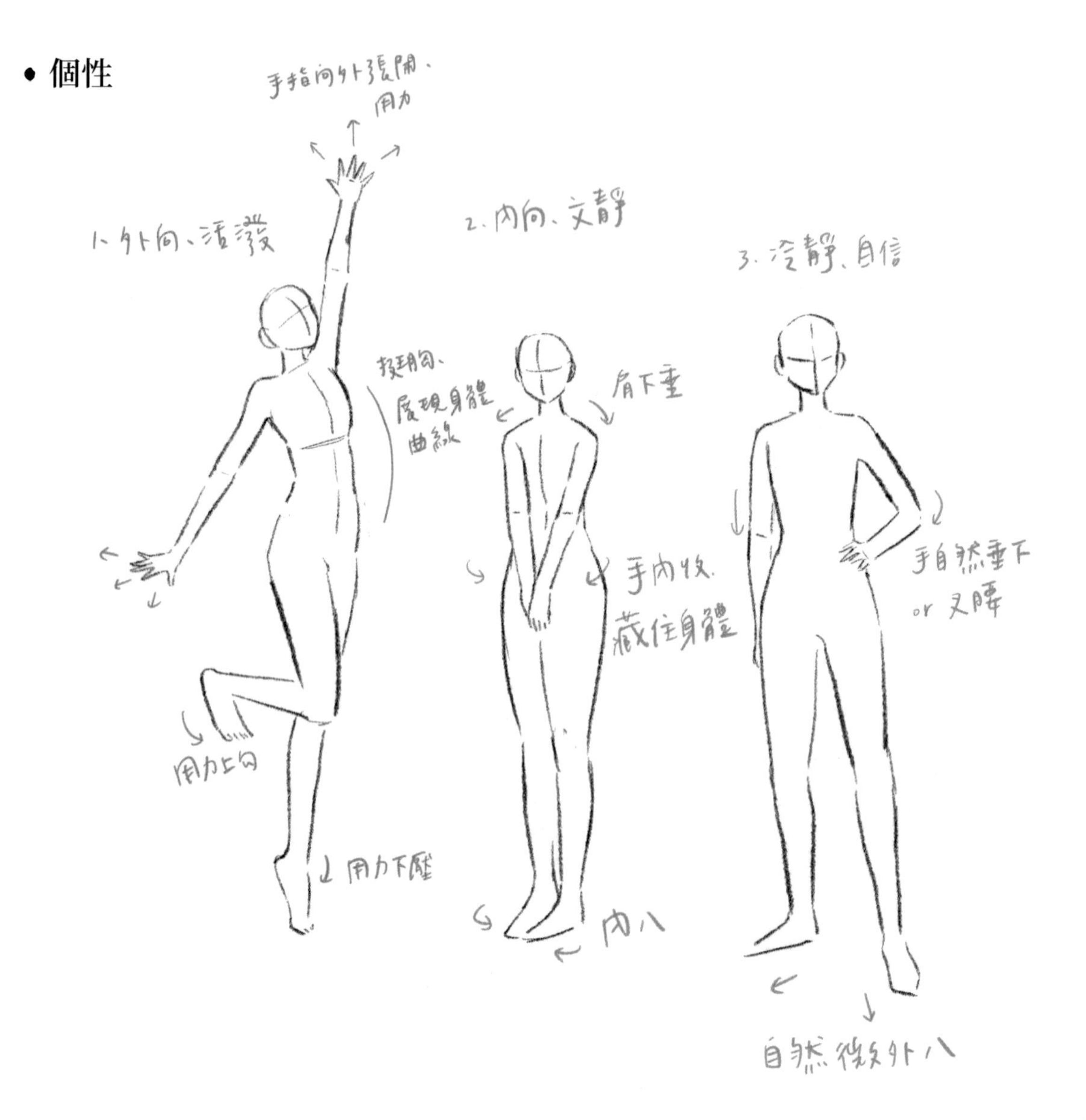

• 狀態

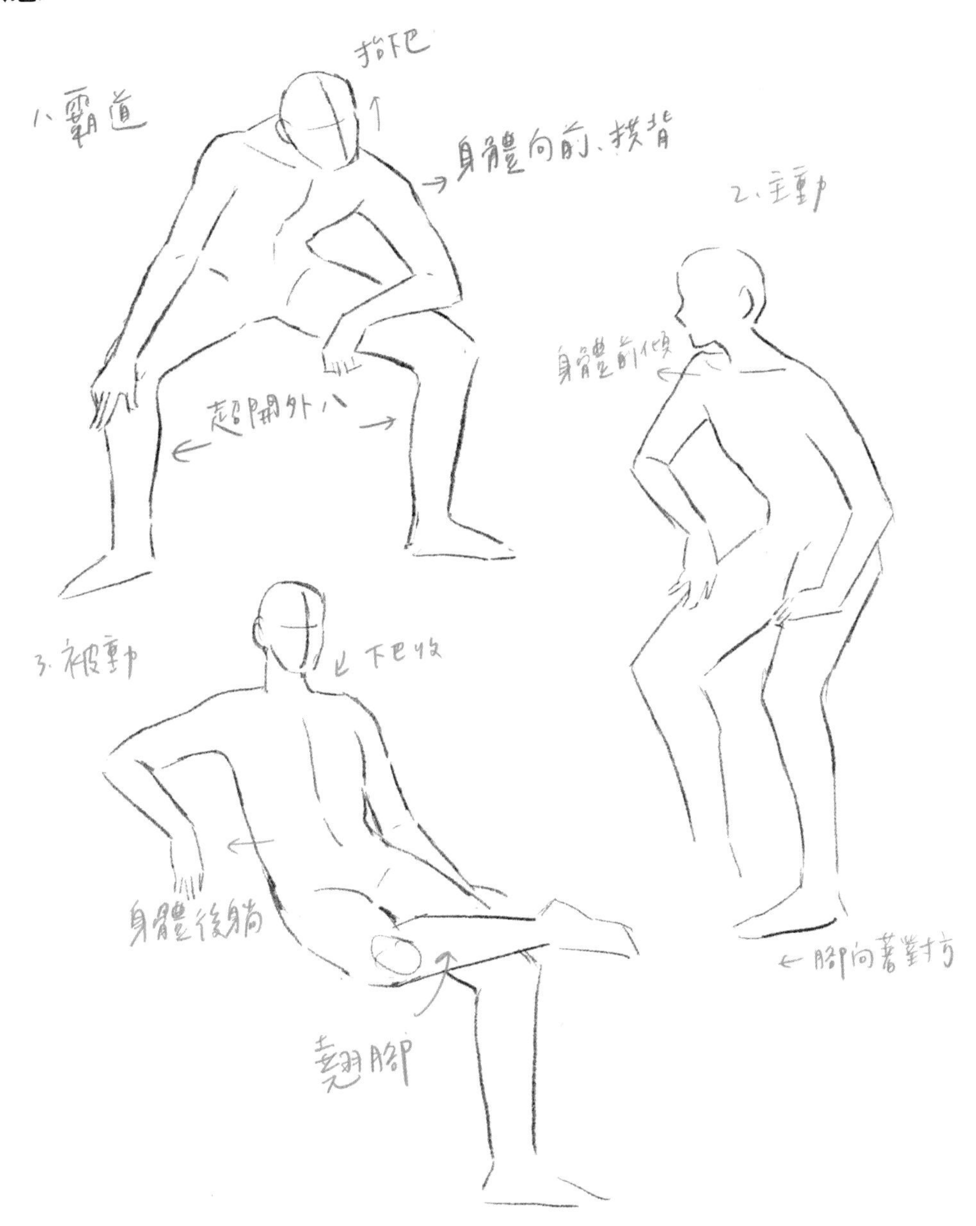

- **情緒**

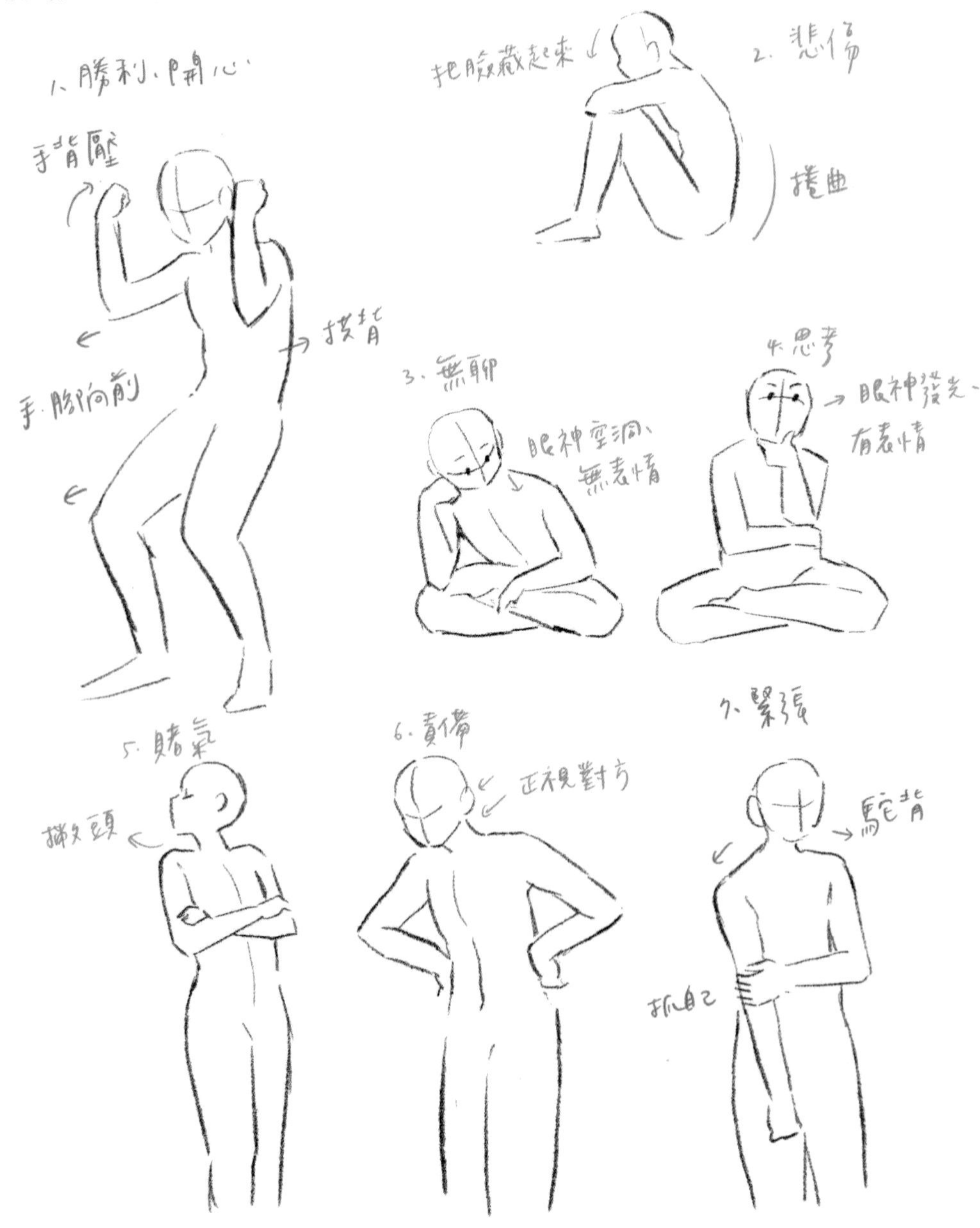

1、勝利、開心、
手背壓
拱背
手、腳向前
2、悲傷
把臉藏起來
捲曲
3、無聊
眼神空洞、
無表情
4、思考
眼神發光、
有表情
5、賭氣
撇頭
6、責備
正視對方
7、緊張
駝背
抓自己

場景 13

影片示範

難度｜★★★★

與三五好友們在家的歡樂小聚。

當場景中有多個人物時，人物之間的互動、情緒就會影響整幅畫面的氛圍。在創作這幅「跟朋友一起在家吃披薩、打電動」的場景時，為了凸顯大家都專注在遊戲裡的情境，所以畫面中的每個人物都是看向電視的。

其中正在玩遊戲的兩人是最專注、興奮的狀態，所以畫出他們聳著肩、身體向前傾的姿態，甚至跪坐起來彷彿要準備衝進電視畫面裡。坐在沙發上的兩人因為是扮演觀眾的角色，所以動作較為放鬆。

STEP 1

人物完成後，再將其他物品畫出來。因為大家都是看向電視的狀態，所以遊戲畫面需要畫仔細一點。再來就是右下方桌上的食物也要畫得比較豐富，呈現出歡樂的情境，同時也與左上方的電視達成視覺上的平衡。其他地方的東西就不用畫太多，放一些零散的物品呈現出居家感即可。

STEP 2

上色時，先將主要家具及木頭色系的物品完成，接著再一個個仔細地畫上小物品的顏色，如畫面中桌子上方的可樂、洋芋片、炸雞與披薩。

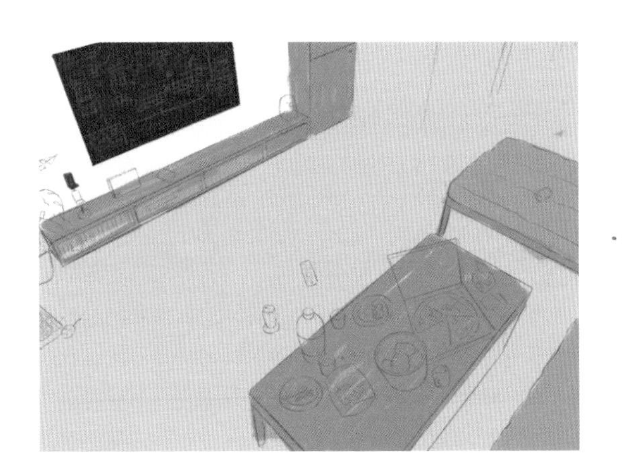

STEP 3

下一步，則是畫上人物的色彩，盡量吸取已經出現在畫面中的顏色，這樣整體色彩才不會太雜太亂。

STEP 4

接著，再畫上出現在光滑面上的色彩，如電視畫面及地板的反光，完成上底色的步驟。

NOTICE

上色時，為了方便做修改，每畫好一層物品的底色我會新增圖層再畫下一層物品的顏色。全部上好色後，就可以將底色圖層合併，只保留電視畫面的圖層為分開的狀態，這樣後續要製作電視的光線會比較方便。

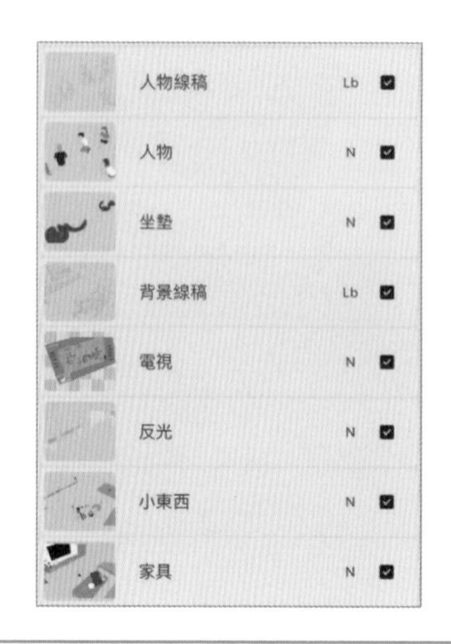

STEP 5

因畫面中的物品很多且瑣碎，如果每個物品都分開圖層單獨加上光影，光是找出想要的圖層就非常耗時。也會因為一直在重複相同步驟，畫起來比較枯燥無趣。所以在合併所有底色的圖層之後，我使用了幾個圖層屬性【加亮顏色、色彩增值、加深顏色】一次調整整體畫面的光影，之後就可以把圖層合併，繼續畫其他細節。

STEP 6

將細節的圖層畫在線稿上方，這樣能使人物或重要物品留下比較清晰的輪廓線，家具等次要物品覆蓋掉輪廓線，讓物品之間更加融合。

STEP 7

最後，再使用大量的圖層屬性功能來調整畫面，就完成了。

NOTICE

使用的圖層與功能分別為：

- 反光【正常】：電視、玻璃櫃的反光。
- 燈光【添加】：室內燈光照射在地板及桌上的食物的光。
- 電視光【添加】：電視散發出來的藍光。
- 地板木紋【加深顏色】：畫出淡淡的地板紋路，因物品已經很多了所以不須太仔細地畫出每一條木紋。
- 【顏色變暗、顏色變亮】：因原本畫好的顏色偏暖色調，所以在最亮及最暗的地方加上冷色調的色彩。
- 【曲線調整】：調整整體的對比度。

-finish-

畫出與背景融合的色彩

如果要畫出與背景或周遭物品更融合、一體的效果，在上色時可以這麼做。

STEP 1

將底色畫在線稿的下方，線稿及塗色的筆觸可以隨興一點。橘色與背景的藍綠色畫在同一圖層即可，或是先分開上色，畫細節之前再合併。

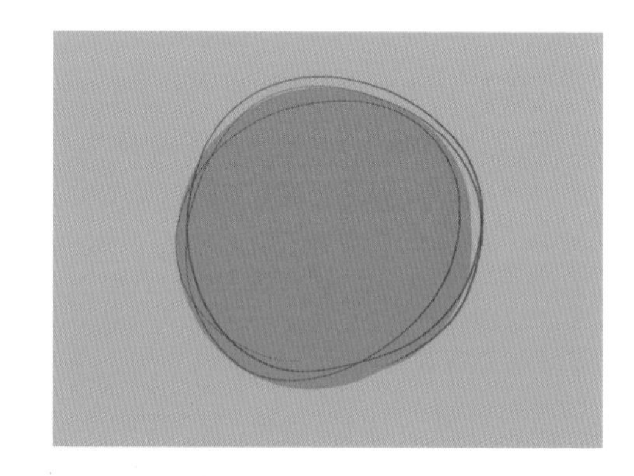

STEP 2

接著，在線稿的上層畫細節，先吸取背景的藍綠色，用半透明筆刷畫在交界處，稍微覆蓋到橘色的部分。然後再吸取橘色，一樣用半透明筆刷畫在交界處。這樣就會產生藍綠色與橘色疊合的顏色。這個做法與先畫底色再輕輕塗上固有色的方式類似。

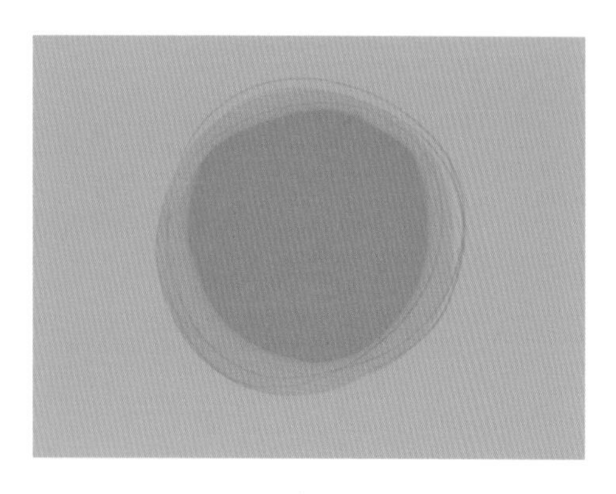

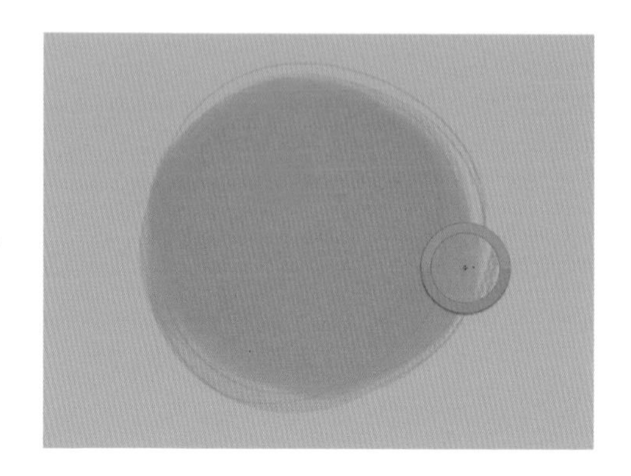

STEP 3

接著就使用這個融合後的色彩，將物品的邊緣畫得更清楚。一邊畫再一邊吸取疊加後的顏色，直到將圖案完成。這麼做就可以讓物品與周遭背景融合，同時也擁有清楚的輪廓。

• 小練習

先畫好乾淨的底色之後，於線稿的上方新增圖層，用上述方式修飾輪廓，即可將畫作的銳利度降低許多。這個做法與直接用塗抹工具抹開的差別在於，可以保留原始的底色，不怕塗抹後難以復原，完成的效果也更加自然。

場景14

影片示範

難度｜★★★★

充滿兒時回憶，繽紛又熱鬧的遊樂園。

最後一個要畫的場景，是畫面中有滿滿人物、建築物等複雜物品的遊樂園場景。一般大家想到有很多人物的畫面，都會不知道該從何處開始著手，其實不需要想得太過複雜，只要先將具有代表性的地標和主要人物設定好位置，以及決定視覺焦點要落在哪，再進行其他次要的人物或背景繪製即可。

草稿先畫出大家一起在遊樂園門口，準備入園的情景。為了讓主角在人群中更突顯，讓她看著鏡頭、並舉起手揮舞，其他人則是看向兩邊或背對鏡頭。背景構圖的部分，雖然是透視的場景，但畫面中缺少明顯有透視感的物品，例如道路或近處的建築物，因此就省略了畫透視輔助線的步驟。

STEP 1

新增一個圖層，描出線稿。拱門上的文字可以用【添加文字】功能直接打出。調整好字體、大小的粗略位置後，再用變形工具點選【翹曲】把文字彎曲成拱門的形狀。

STEP 2

再來，在線稿下方新增圖層，畫出上半部背景的底色。先從最遠的天空開始畫，慢慢畫到前方的人物。顏色確認之後，就可以把底色圖層全部合併。

STEP 3

一開始，我將前景人物的線稿分開，是預設會使用模糊效果，後來覺得不需要，就把前景人物與主角的線稿合併了。

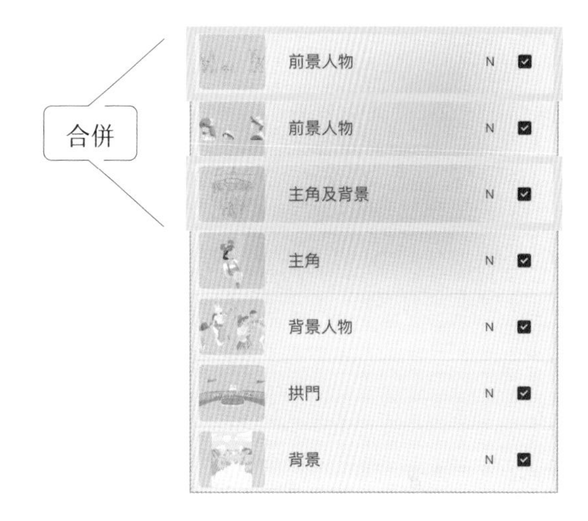

STEP 4

接著，使用圖層屬性加上光影，為了呈現出明亮、有活力的感覺，就沒有畫出太深的影子。加完光影之後，覺得遠景的黑色線稿太過突兀，便改成深藍色。修改後發現人物也變成藍色線條的效果，在視覺感受上很清爽，於是保留了這個狀態。

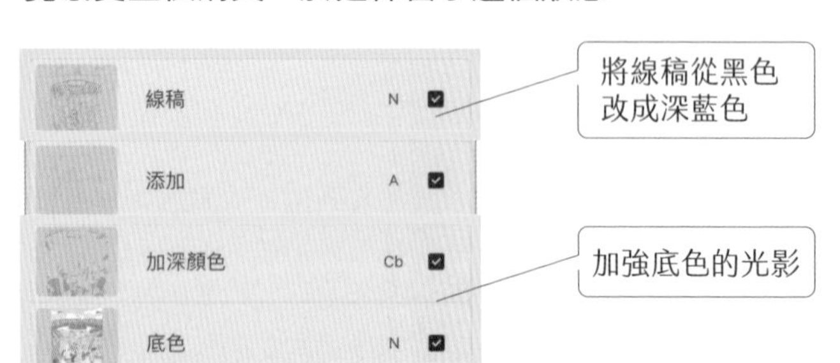

STEP 5

最後慢慢地畫出細節，一樣是從距離最遠的景物，如畫面中的城堡、遊樂設施等開始畫；完成後，才畫到主角及最近的前景人物。

STEP 6

這張作品在繪製過程中，顏色都調得十分滿意，因此沒有加入太多其他圖層屬性去做補強。最後只有使用【顏色變亮】及【顏色變暗】讓前景人物的對比度降低一點，就完成了！

-finish-

細節對照 POINT

拱門上的文字手動加入一些陰影，增加立體感。

非主角的周邊人物色彩對比度也建議不要太高，前景人物的輪廓線可以稍微模糊，創造出一點景深效果。

遠方的建築物及植物只有將輪廓畫清楚一些，沒有加入過多細節，顏色盡量保持清透。

主角畫出最多細節，包含眼睫毛、髮絲和開心的表情等。

Column

商用圖稿的繪製流程

接下來，將以原先預計要作為本書的封面插畫作為範例，示範一個商用稿件從開始到完成的製作過程。在製作商業合作的稿件，或是需要搭配文字排版設計的作品時，繪製流程會與單純自己創作時稍有不同。最大的差異在於，盡量在畫圖過程中保持物品為可任意調整或移動的狀態，這樣後續若有需要再加入其他元件時，才方便修改。

影片示範

STEP 1

首先，在 Procreate 中繪製草稿，初步畫了三款，再選擇其中一款繼續完稿。

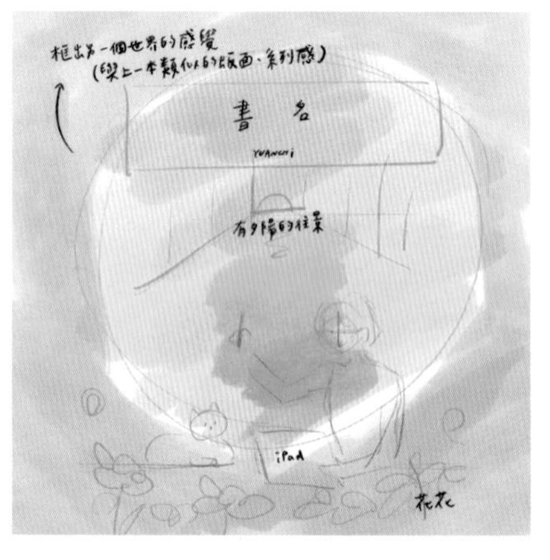

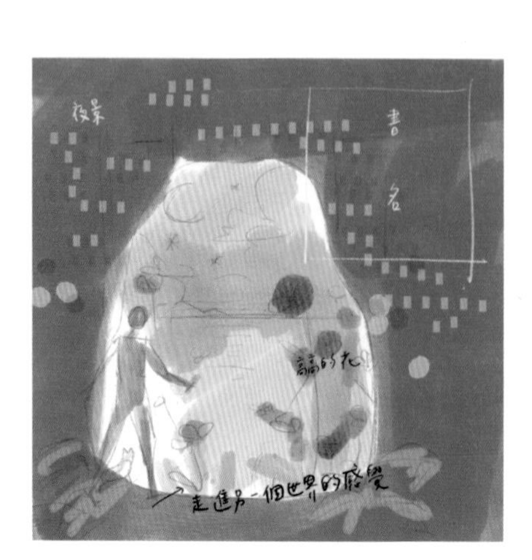

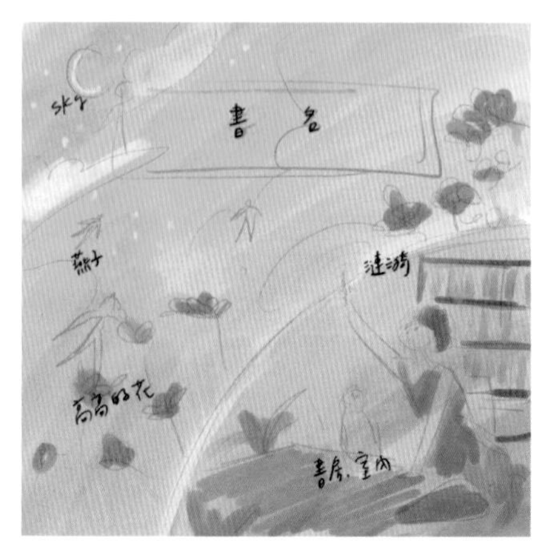

STEP 2

後來決定使用這張草圖作為封面，原本的底色是橘紫色，討論後改成了藍色。

STEP 3

原先設定封面尺寸為 20x20 公分，我用電腦在 illustrator 中先畫出這個尺寸，再往左延伸出書背與封底的範圍（白底部分），以及往外做出血（黑色部分），並畫出距離邊界 1 公分的安全範圍（藍色框）。

STEP 4

在 Procreate 開啟一個長寬為46x24公分、解析度300DPI、顏色配置 CMYK 的檔案，將參考線圖檔匯入，並在範圍內畫出乾淨清晰的線稿。主要的人物與物品，要畫在藍色框的安全範圍內。從藍色框到最外圍，則可畫上一些被裁掉也沒關係的圖案。

STEP 5

在這個階段，就先將每個物品的線稿分開，依照畫面中由前至後的順序排列。

使用【圖層遮罩】的是前後線稿有重疊的部分，為了方便預覽，先將重疊的線條遮住，待後續上完底色後，就可以刪除遮罩。

將重疊的線條遮住

植物 N
人貓 N
圖層遮罩
物品 N
圖層遮罩
家具 N
圖層遮罩
泡泡 N
花 N
雲 2 N
雲 1 N
星星 N
月亮 N

STEP 6

接著，依序完成底色、繪製各個物件細節的步驟。每個物件的細節都要在自己的圖層中完成，才能維持物品可以隨時移動的狀態。

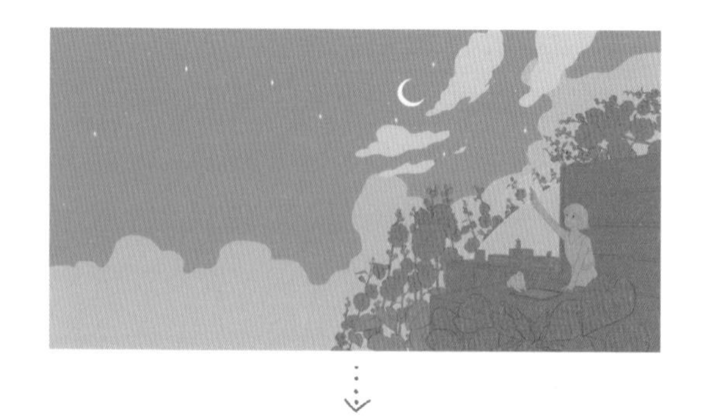

STEP 7

經過一番熱烈討論，又做了一點修改，完成最終的版本。因為原始的檔案有將每個物件圖層分開，所以修改起來不會太麻煩。完成後，直接將有區分圖層的 PSD 檔提供給後續排版的人員，如果是自己進行排版，則可以將每個物件各別輸出為 PNG 檔，再丟進排版軟體內微調位置或尺寸。

但最後因為在文案編排上的考量，又選擇了另一張作品當成主要視覺，發現完稿後的效果更吸睛，因此決定替換主圖，最終完成了現在大家看到的新書封面。

iPad 電繪美麗新世界
完整場景繪製教學，從速寫、情境到全幅作品的風格練習

作　　者 | 張元綺 YUANCHi

責任編輯 | 楊玲宜 ErinYang
責任行銷 | 鄧雅云 Elsa Deng
封面裝幀 | 李涵硯 Han Yen Li
版面構成 | 黃靖芳 Jing Huang
校　　對 | 李雅蓁 Maki Lee

發 行 人 | 林隆奮 Frank Lin
社　　長 | 蘇國林 Green Su

總 編 輯 | 葉怡慧 Carol Yeh
主　　編 | 鄭世佳 Josephine Cheng
行銷主任 | 朱韻淑 Vina Ju
業務處長 | 吳宗庭 Tim Wu
業務主任 | 蘇倍生 Benson Su
業務專員 | 鍾依娟 Irina Chung
業務秘書 | 陳曉琪 Angel Chen
　　　　　莊皓雯 Gia Chuang

發行公司 | 悅知文化　精誠資訊股份有限公司
地　　址 | 105台北市松山區復興北路99號12樓
專　　線 | (02) 2719-8811
傳　　真 | (02) 2719-7980
網　　址 | http://www.delightpress.com.tw
客服信箱 | cs@delightpress.com.tw
ISBN：978-626-7288-60-3
初版一刷 | 2023年08月
建議售價 | 新台幣480元

國家圖書館出版品預行編目資料

iPad 電繪美麗新世界：完整場景繪製教學，從速寫、情境到全幅作品 的風格練習 / 張元綺著. – 初版. – 臺北市：悅知文化精誠資訊股份有限公司, 2023.08
　面；20×21公分
ISBN 978-626-7288-60-3 (平裝)
1.CST: 電腦繪圖 2.CST: 繪畫技法

312.86　　112010869

線上讀者問卷 TAKE OUR ONLINE READER SURVEY

熟悉基本技巧後，再慢慢替作品加入「氛圍魔法」。

——《iPad電繪美麗新世界》

請拿出手機掃描以下QRcode或輸入以下網址，即可連結讀者問卷。
關於這本書的任何閱讀心得或建議，歡迎與我們分享 :)

https://bit.ly/3ioQ55B